우타 프리스 Uta Frith

유니버시티 칼리지 런던의 인지 신경과학 연구소 명예교수. 영국 아카데미, 왕립학회, 독일 과학아카데미 레오폴디나, 미국 국립과학원의 외국인 회원이다. 자폐증과 난독증 연구의 최고 권위자로, 이러한 질환에서 마음, 뇌, 행동 사이의 연관성에 관한 새로운 통찰을 이끌어냈다. 또한 과학 커뮤니케이션과 대중 참여에 특별한 관심을 가지고 있으며, 다수의 TV 다큐멘터리를 제작하기도 했다. 2014년에는 미국 심리학회가 선정한 현대의 가장 저명한 심리학자 중 한 명으로 선정되었고, 같은 해 남편 크리스 프리스와 함께 인지과학과 심리철학에 중요한 기여를 한 공로를 인정받아 장 니코드 상을 수상했다. 이듬해 BBC에서 선정한 '올해의 여성 100인' 중 한 명이다. 2015년부터 2018년까지 왕립학회 다양성위원회 위원장으로 일하며 집단 의사 결정에 있어 다양성의 가치에 대한 인식을 높였다.

크리스 프리스 Chris Frith

유니버시티 칼리지 런던의 인간 신경영상 웰컴 센터의 신경심리학 명예교수. 영국 왕립학회, 미국 과학진흥협회, 영국 아카데미 회원이자 덴마크 오르후스 대학교 인터랙팅 마인드 센터의 객원교수, 런던대학교 철학연구소의 명예 연구위원이다. 뇌 영상을 정신 과정 연구에 적용한 선구자로, 2000년 런던 택시 운전사의 뇌에서 해마가 커지는 것을 발견했을 때 세계 언론의 주목을 끌었던 팀의 선임 멤버였다. 과학 저널에 500편 이상의 논문을 기고했으며 특히 행위주체성, 사회 인지에 관한 연구 그리고 조현병과 같은 정신 장애를 가진 사람들의 마음을 이해하는 연구로 유명하다. 2016년에는 인공지능이 계산한 결과로 선정한 현대에 가장 영향력 있는 10대 뇌 과학자 중 한 명으로 뽑히기도 했다.

앨릭스 프리스 Alex Frith

2005년부터 어린이 논픽션 작가로 활동하고 있다. 우주의 기원부터 세계 종교의 의미, 멸종된 동물부터 원시형 인공지능에 이르기까지 생각할 수 있는 거의 모든 주제로 50여 권의 책을 집필했다. 그중 두 권은 왕립학회 어린이 도서상 최종 후보에 올랐다.

대니얼 로크 Daniel Locke

예술가, 그래픽 노블 작가. 대부분 현대 과학의 발견에 영향을 받은 작품 활동을 한다. 웰컴 트러스트, 국가보건의료서비스, 내셔널 트러스트, 영국 예술위원회 등 다양한 연구자 및 예술가들과 협업하고 있다.

두 뇌
협력의 뇌과학

TWO HEADS

COPYRIGHT © UTA FRITH, CHRIS FRITH AND ALEX FRITH, 2022
ILLUSTRATIONS © DANIEL LOCKE, 2022
All rights reserved.

Korean translation rights arranged with PEW LITERARY, through EYA co., Ltd.
Korean translation copyright © Gimm-Young Publishers, Inc., 2023

이 책의 한국어판 저작권은 (주)이와이에이를 통한 저작권사와의 독점 계약으로 김영사에 있습니다.
저작권법에 의해 한국 내에서 보호를 받는 저작물이므로 무단전재와 무단복제를 금합니다.

두 뇌, 협력의 뇌과학

1판 1쇄 인쇄 2023. 4. 18.
1판 1쇄 발행 2023. 4. 28.

지은이 우타 프리스, 크리스 프리스, 앨릭스 프리스, 대니얼 로크
옮긴이 정지인

발행인 고세규
편집 이승환 디자인 유상현 마케팅 정희윤 홍보 장예림
발행처 김영사

등록 1979년 5월 17일 (제406-2003-036호)
주소 경기도 파주시 문발로 197(문발동) 우편번호 10881
전화 마케팅부 031)955-3100, 편집부 031)955-3200 팩스 031)955-3111

값은 뒤표지에 있습니다.
ISBN 978-89-349-6441-4 07400

홈페이지 www.gimmyoung.com   블로그 blog.naver.com/gybook
인스타그램 instagram.com/gimmyoung   이메일 bestbook@gimmyoung.com

좋은 독자가 좋은 책을 만듭니다.
김영사는 독자 여러분의 의견에 항상 귀 기울이고 있습니다.

두 뇌
협력의 뇌과학

Two Heads

뇌와 마음, 인간의 상호작용에 관한 유쾌한 탐구

우타 프리스, 크리스 프리스, 앨릭스 프리스
대니얼 로크 그림 | 정지인 옮김

김영사

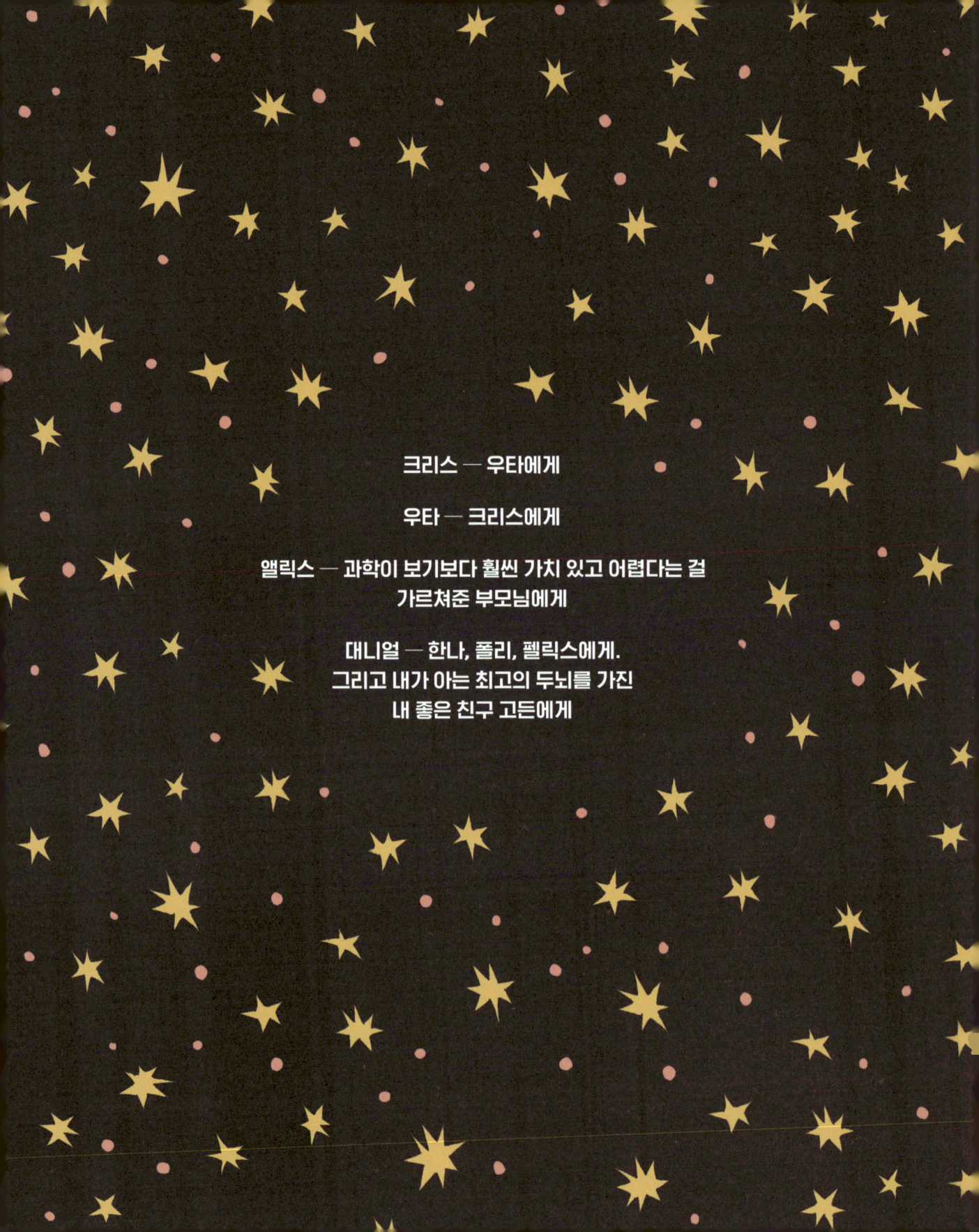

크리스 — 우타에게

우타 — 크리스에게

앨릭스 — 과학이 보기보다 훨씬 가치 있고 어렵다는 걸
가르쳐준 부모님에게

대니얼 — 한나, 폴리, 펠릭스에게.
그리고 내가 아는 최고의 두뇌를 가진
내 좋은 친구 고든에게

...are better than one

차례

프롤로그	프리스 부부를 만나는 시간	8
1장	뇌가 무엇이며, 무엇을 할 수 있고, 어떻게 작동하는지, 그런 온갖 이야기	18
2장	프리스 부부: 그들은 누구이며, 어떻게 프리스 부부가 되었나	36
3장	뇌는 자기가 안다는 걸 어떻게 알까	50
4장	가르침은 도구요, 모방은 본능이라	74
5장	감정이입을 설명하다: 신경과학 역사의 최신 국면	98
6장	뇌는 어떻게 자신에 관해 알까?	122
막간 만화	과학을 제대로 하기란 쉬운 일이 아니랍니다	144

7장	생각하고, 또 생각하고	162
8장	함께 작동하는 뇌들 살펴보기	180
9장	머리 둘은 정말로 머리 하나보다 낫답니다	198
10장	협력이 혼란을 부를 때	224
11장	자유의지와 후회	242
12장	내집단과 외집단	264
13장	평판은 중요하다니까요	288

에필로그	프리스 부부의 파티에 오세요	314
감사의 말		322
참고문헌		324
찾아보기		337

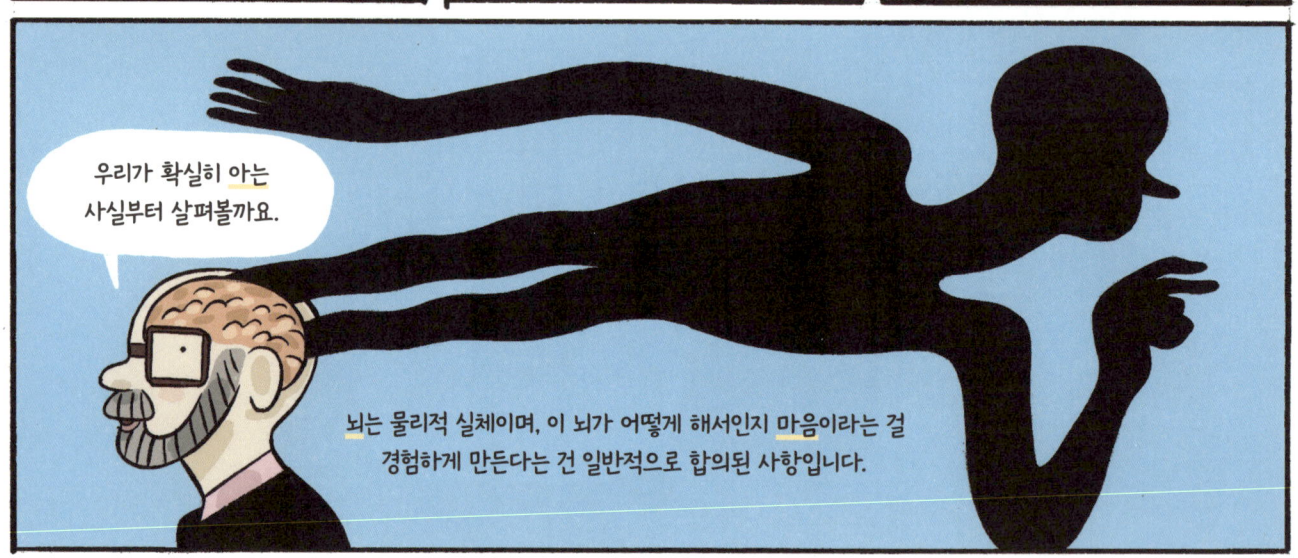

그런데 마음은 뇌뿐 아니라 몸 전체에서도 영향을 받아요.

예를 들어, 지금 막 발가락을 찧었다고 상상해보세요.

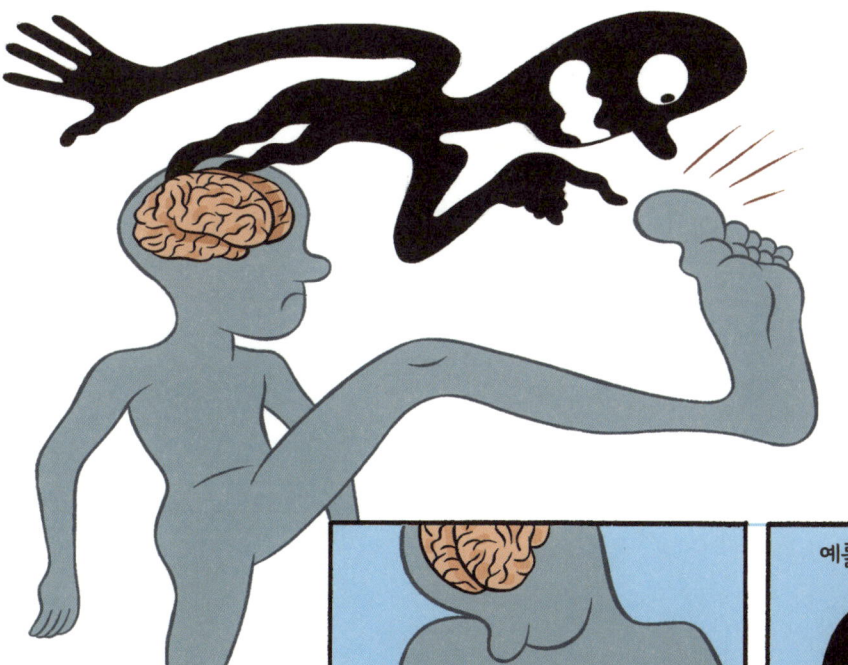

1) 뇌는 그냥 통증이 일어났다는 사실을 인지만 하고 다른 볼일을 계속 처리합니다.

2) 마음은 한순간 그 아픈 감각에 완전히 압도되는데, 그러면 우리는 아무것도 못 할 것 같은 느낌이 들죠.

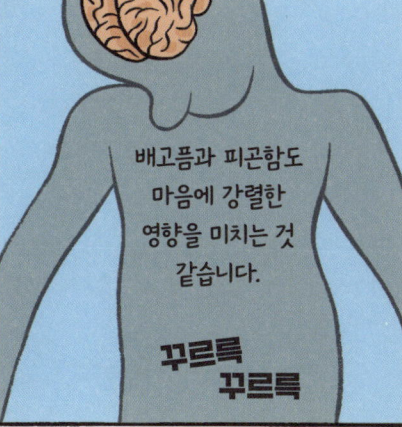

배고픔과 피곤함도 마음에 강렬한 영향을 미치는 것 같습니다.

꾸르륵 꾸르륵

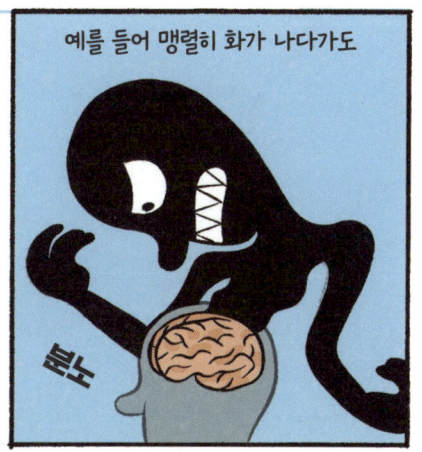

예를 들어 맹렬히 화가 나다가도

분노

앉아서 차 한 잔 곁들여 케이크를 먹으면 가라앉기도 하잖아요.

몸의 욕구가 우리의 마음 상태를 지배하는 한 예지요.

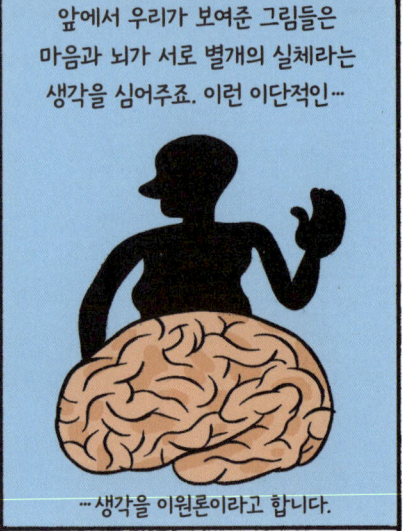

이 '이단'은 고대부터 있었지만, 17세기에 르네 데카르트가 한 말로 가장 유명해졌어요.

확실한 것은 내가 실제로 나의 몸과는 별개의 존재이며, 몸 없이도 존재할 수 있다는 것이다.

과학은 그에게 말하죠. 당신은 틀렸어, 틀렸어, 틀렸다고! 굳이 따지면 그의 말은 거꾸로 된 것이랍니다.*

모든 증거는 우리가 '나'('나의 마음'과 거의 같은 거예요)라고 부르는 감각이 뇌 없이는 절대로 존재할 수 없고 존재하지 않을 거라고 말합니다.

이제 뇌가 서로 협력하는 방식에 관한 우리의 이야기를 시작하기 앞서 뇌에 관한 기본 사항을 재빨리 훑어볼 거예요.

그러니까 우리가 알고 있는 사실들 말이에요. 쉽게 이야기할 테니 걱정하지 마세요.

당신은 내가 데카르트라고 생각한다. 고로 나는 데카르트다.

*하지만 주석을 달자면, 데카르트는 글자 그대로 인간의 생리학에 관해 말한 게 아니랍니다. 사실 그가 초점을 맞춘 건 '물자체'에 관한 의미론적 논증이었지요.

그리고 나도 우리 르네 씨에게 너무 야멸차게 굴고 싶지는 않네요. 사실 이원론은 우리 모두에게 자연스럽게 느껴지는 것이니까요.

미리 말해두는데 이 책에는 앞으로도 주석이 많이 나올 거예요.

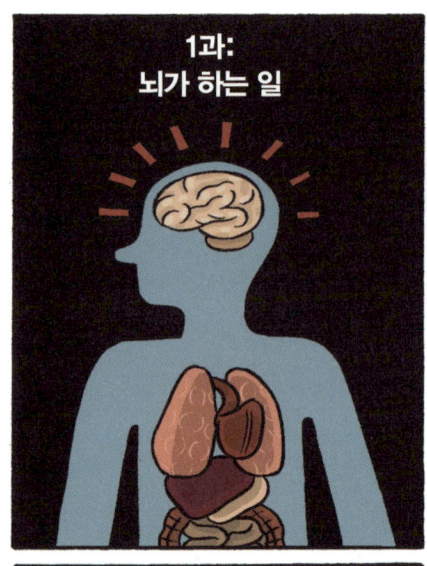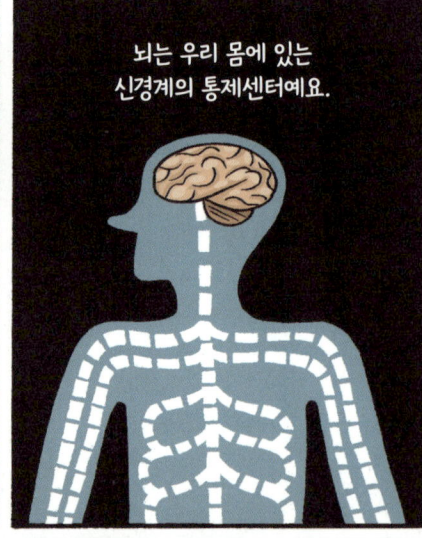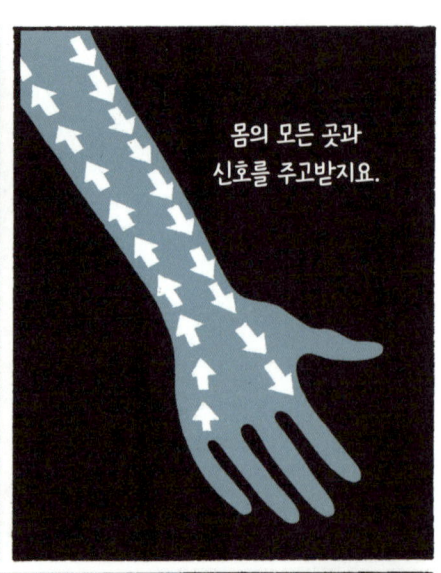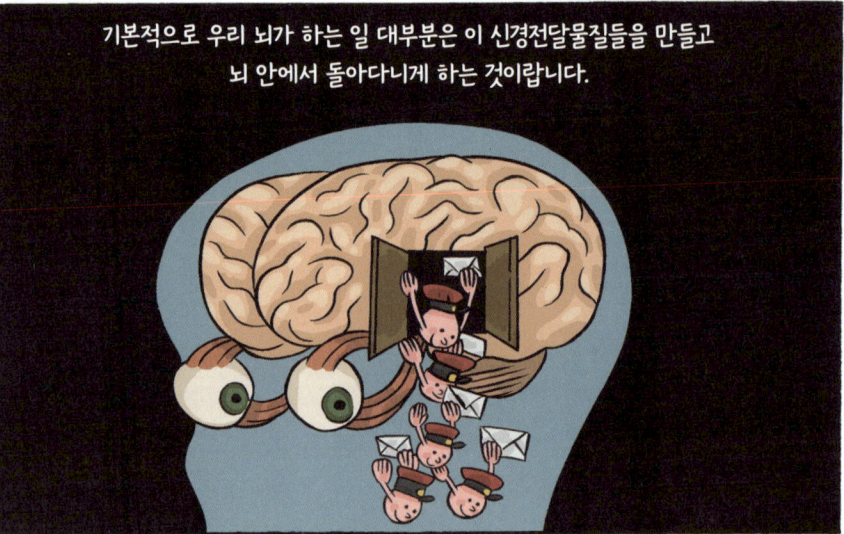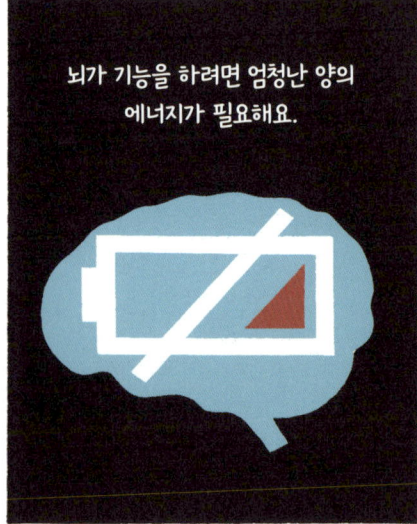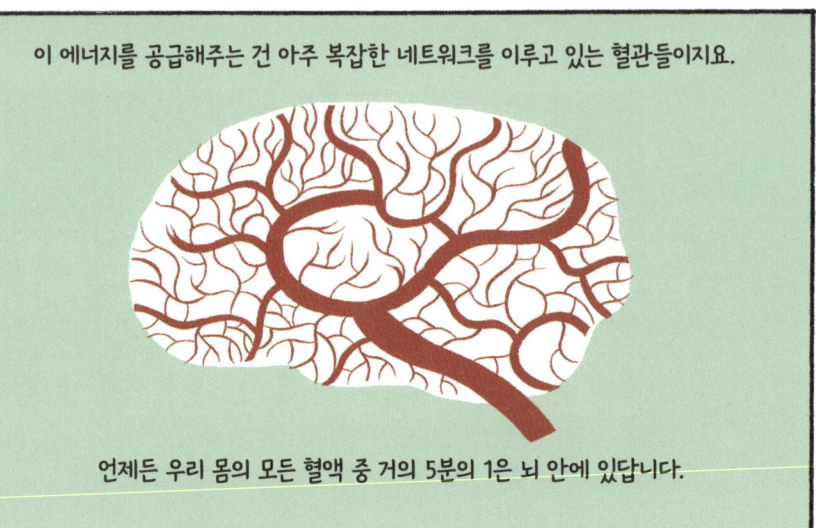

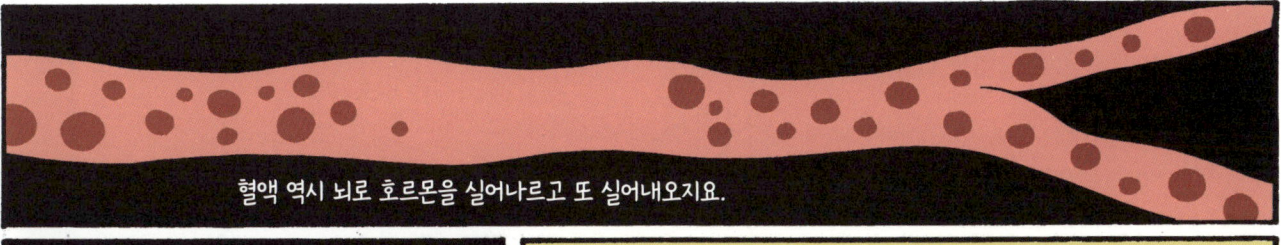

혈액 역시 뇌로 호르몬을 실어나르고 또 실어내오지요.

호르몬은 신체의 온갖 기능을 통제하는데, 배고픔도 그중 하나예요.

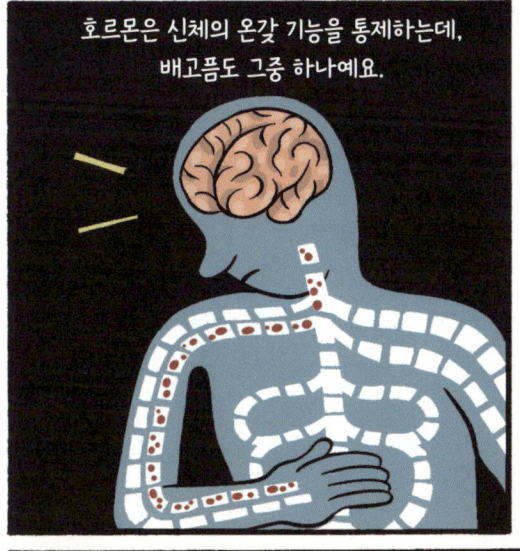

호르몬이 우리 감정을 결정하는 일도 많아요. 어떤 때는 호르몬을 분비하는 방아쇠가 우리 '마음' 속에서 당겨지는 것 같을 때도 있죠. 예를 들어 우리가 어떤 문제를 지각했을 때…

…뇌는 스트레스 강도를 높이는 호르몬을 분비하기 시작해요.

이건 뇌가 제대로 작동하고 있는 거랍니다 (불쾌함을 초래할 수는 있지만요).

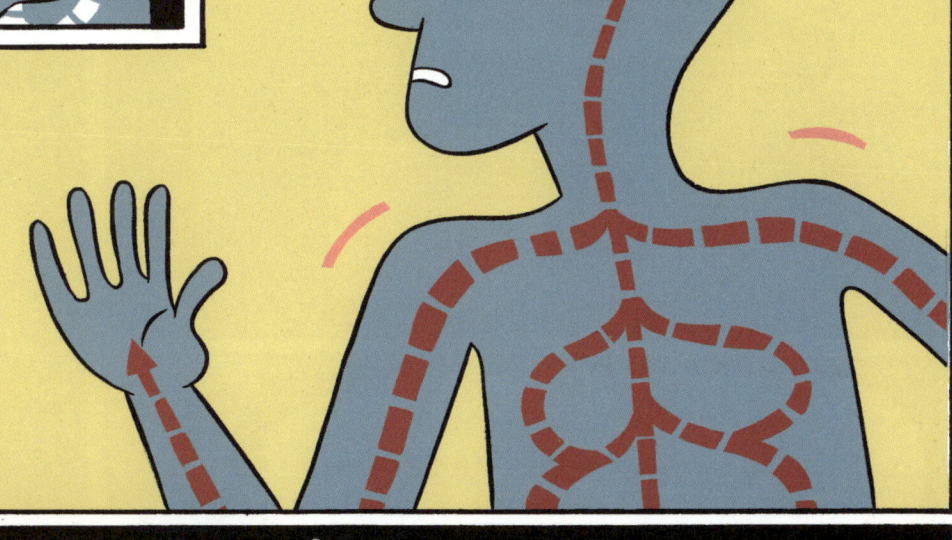

스트레스를 받았다고 느끼게 만드는 것이 마음인가 뇌인가 하는 문제가 남네요. 답은 '모른다'입니다.

사실 질문 자체가 잘못됐다고 말할 사람들도 있을 거예요. 기억하겠지만, 현시점에서 우리가 할 수 있는 최선의 추측은 마음과 뇌가 별개의 실체가 아니라는 것이니까요.

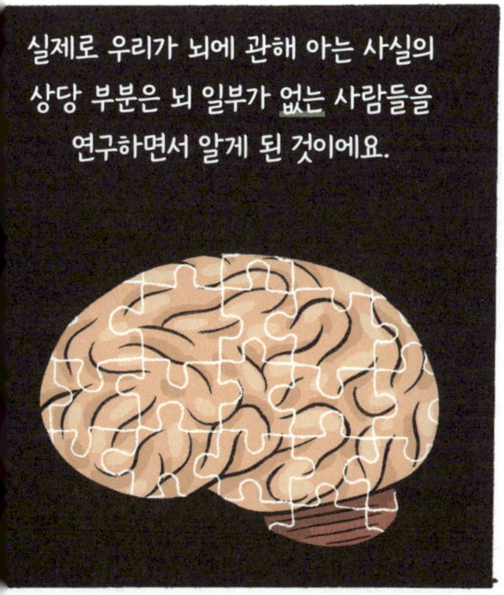

실제로 우리가 뇌에 관해 아는 사실의 상당 부분은 뇌 일부가 없는 사람들을 연구하면서 알게 된 것이에요.

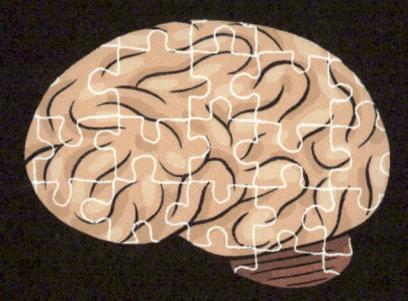

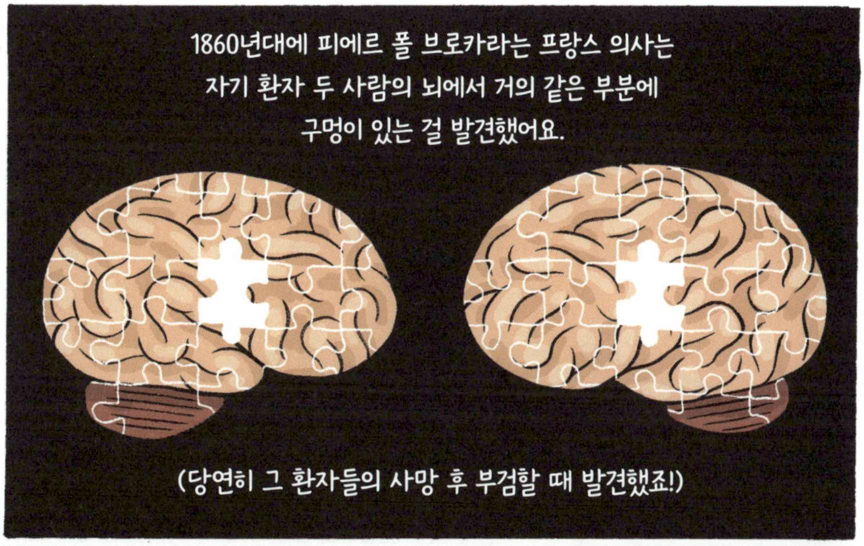

1860년대에 피에르 폴 브로카라는 프랑스 의사는 자기 환자 두 사람의 뇌에서 거의 같은 부분에 구멍이 있는 걸 발견했어요.

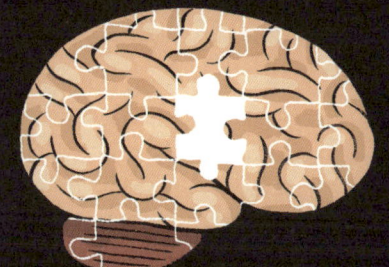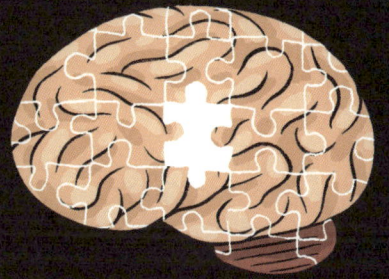

(당연히 그 환자들의 사망 후 부검할 때 발견했죠!)

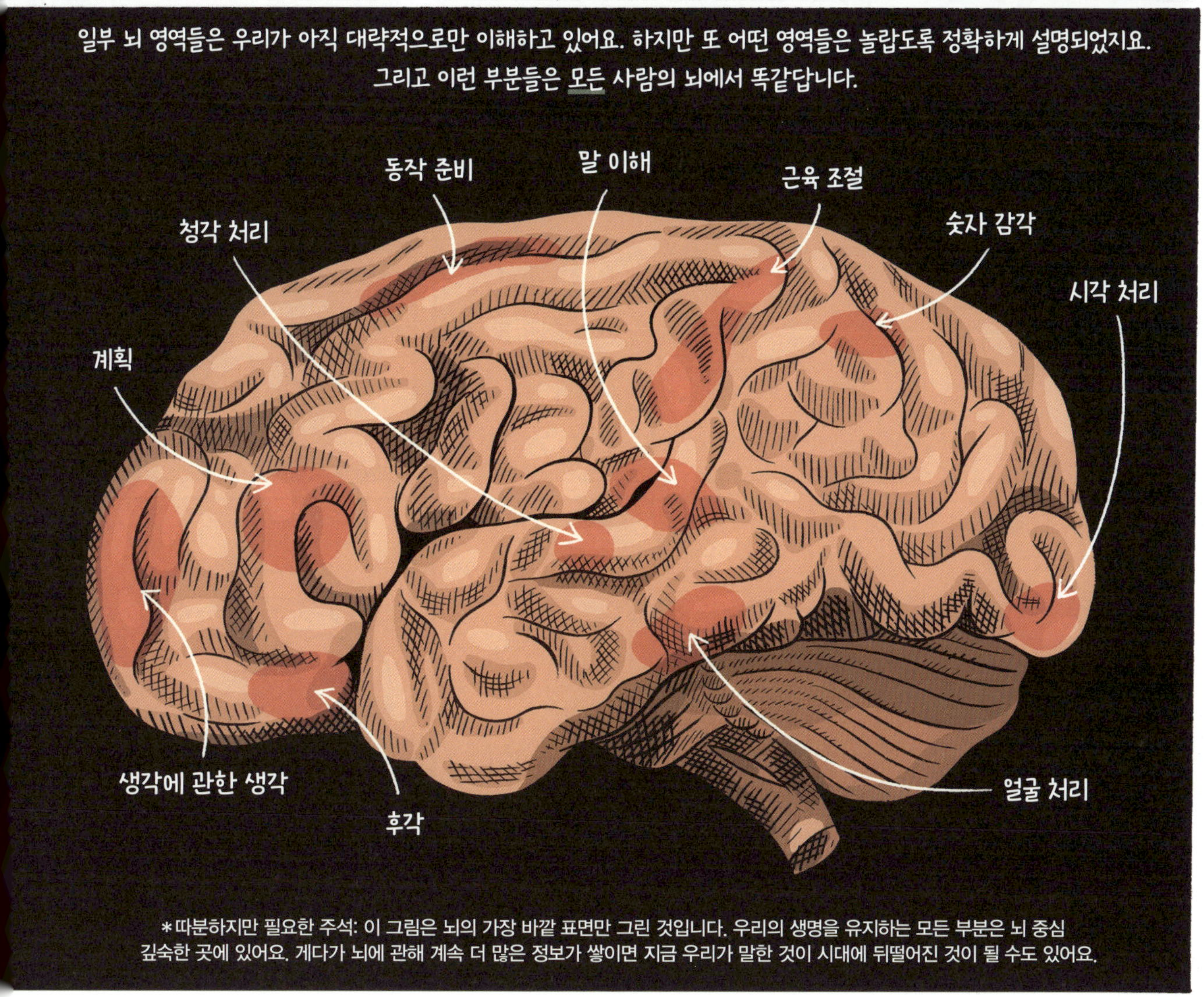

일부 뇌 영역들은 우리가 아직 대략적으로만 이해하고 있어요. 하지만 또 어떤 영역들은 놀랍도록 정확하게 설명되었지요. 그리고 이런 부분들은 모든 사람의 뇌에서 똑같답니다.

- 청각 처리
- 동작 준비
- 말 이해
- 근육 조절
- 숫자 감각
- 시각 처리
- 계획
- 생각에 관한 생각
- 후각
- 얼굴 처리

*따분하지만 필요한 주석: 이 그림은 뇌의 가장 바깥 표면만 그린 것입니다. 우리의 생명을 유지하는 모든 부분은 뇌 중심 깊숙한 곳에 있어요. 게다가 뇌에 관해 계속 더 많은 정보가 쌓이면 지금 우리가 말한 것이 시대에 뒤떨어진 것이 될 수도 있어요.

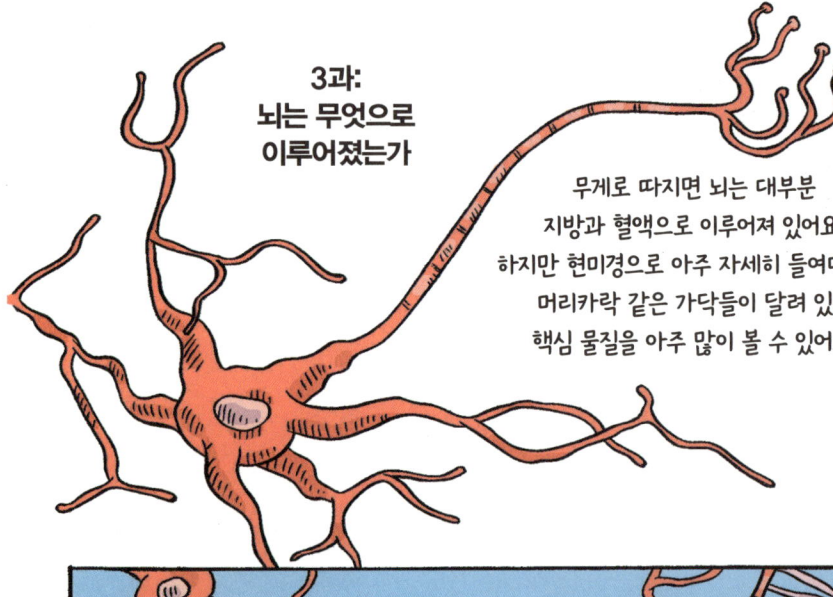

3과: 뇌는 무엇으로 이루어졌는가

무게로 따지면 뇌는 대부분 지방과 혈액으로 이루어져 있어요. 하지만 현미경으로 아주 자세히 들여다보면, 머리카락 같은 가닥들이 달려 있는 핵심 물질을 아주 많이 볼 수 있어요.

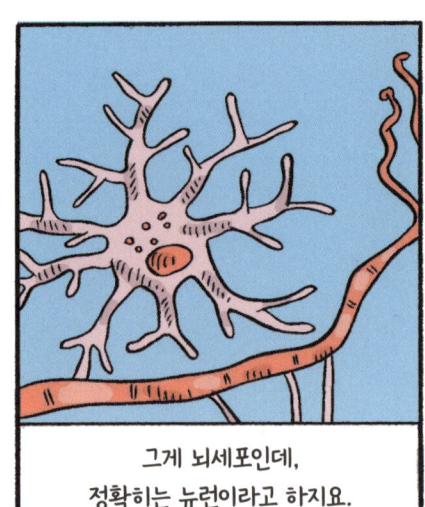

그게 뇌세포인데, 정확히는 뉴런이라고 하지요.

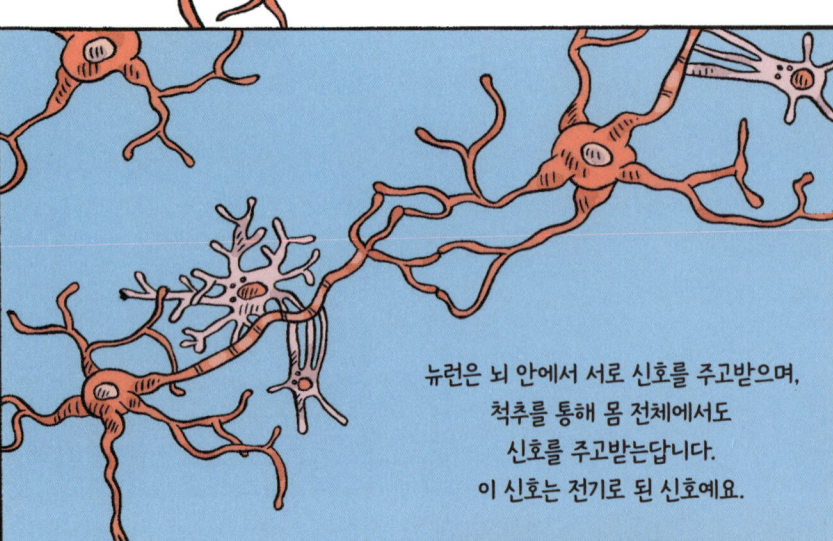

뉴런은 뇌 안에서 서로 신호를 주고받으며, 척추를 통해 몸 전체에서도 신호를 주고받는답니다. 이 신호는 전기로 된 신호예요.

이 사실은 2세기 전 이탈리아의 생물학자 루이지 갈바니가 알아냈어요.

나는 죽은 개구리의 다리를 배터리에 연결해보고* 근육이 전기로 조절된다는 것을 증명했지요.

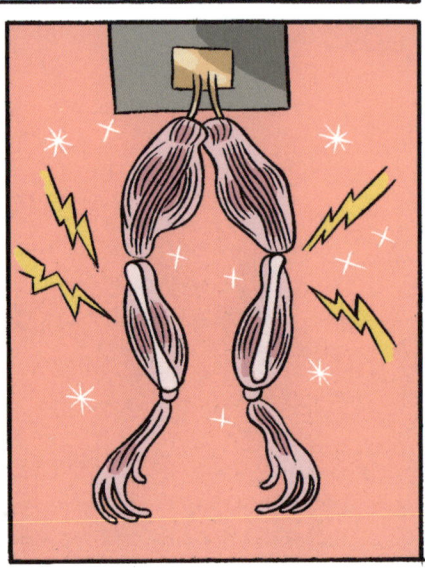

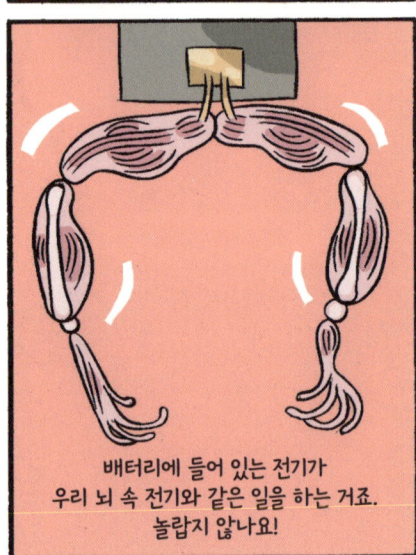

배터리에 들어 있는 전기가 우리 뇌 속 전기와 같은 일을 하는 거죠. 놀랍지 않나요!

*18세기에는 윤리위원회가 없었답니다!

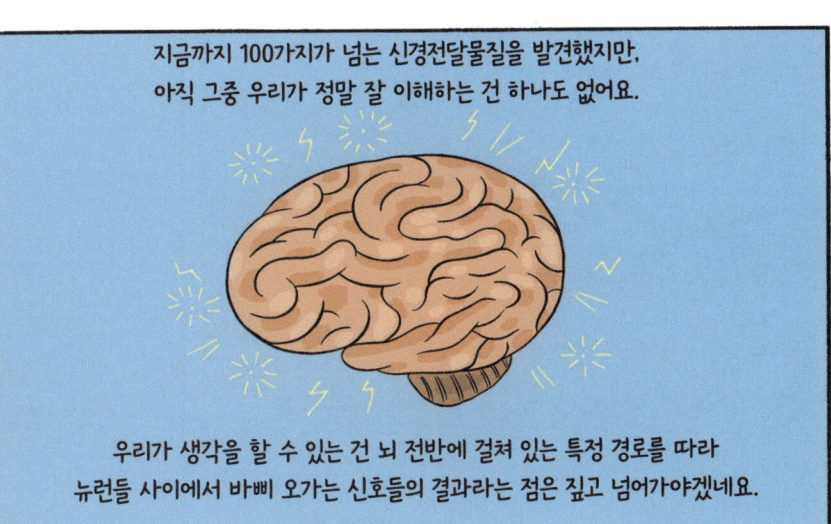

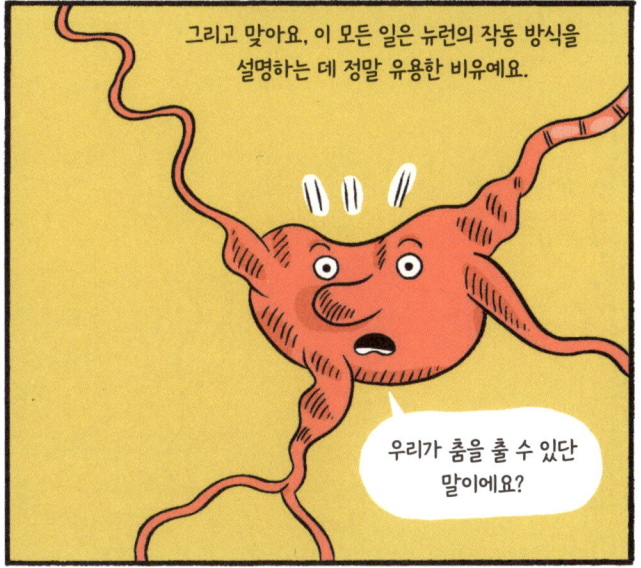

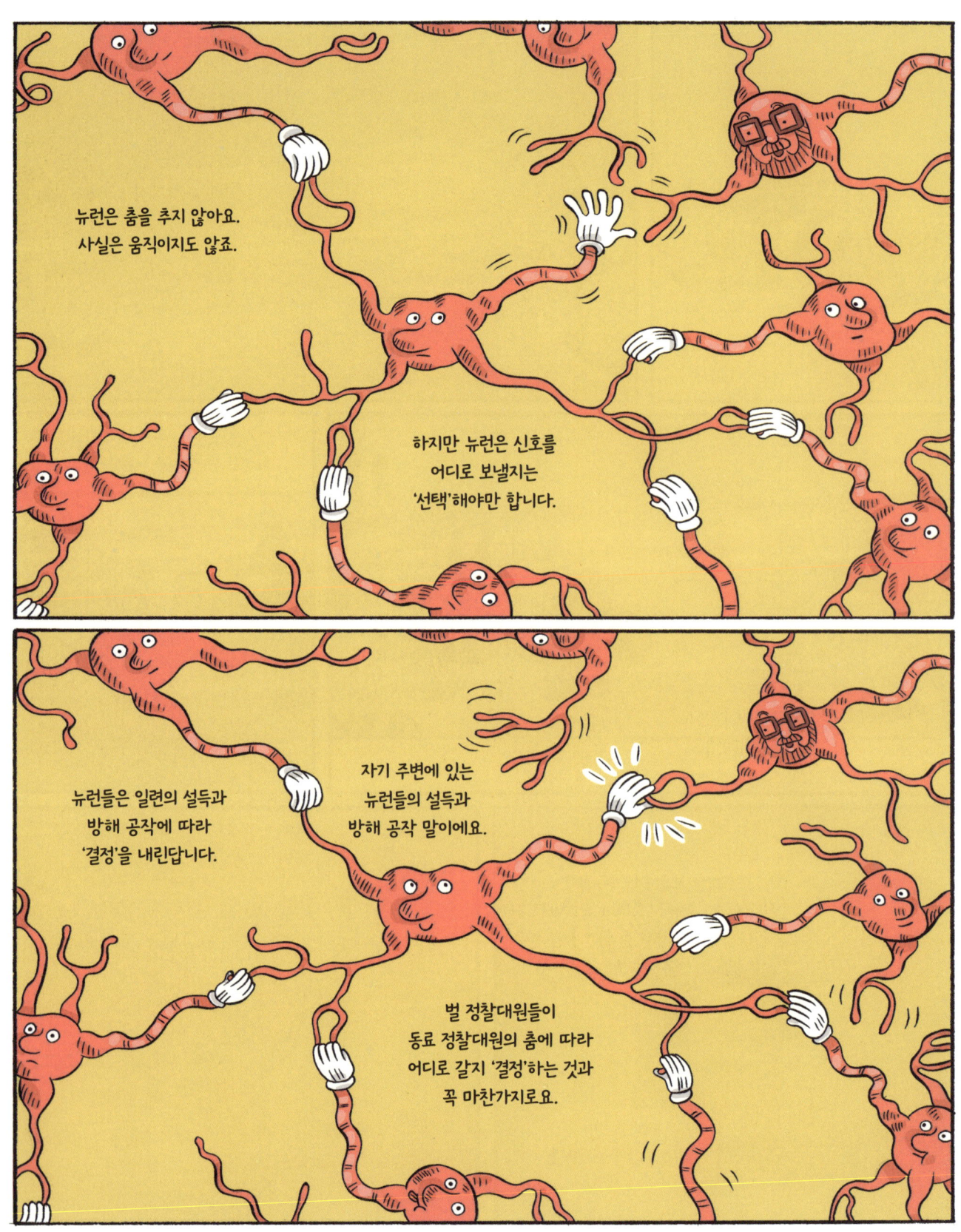

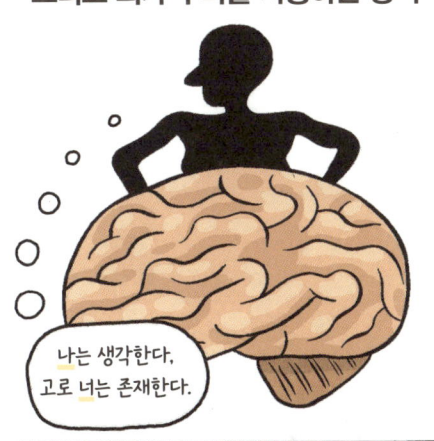

**5과:
우리가 뇌를 사용하는 방식,
그리고 뇌가 우리를 사용하는 방식**

나는 생각한다, 고로 너는 존재한다.

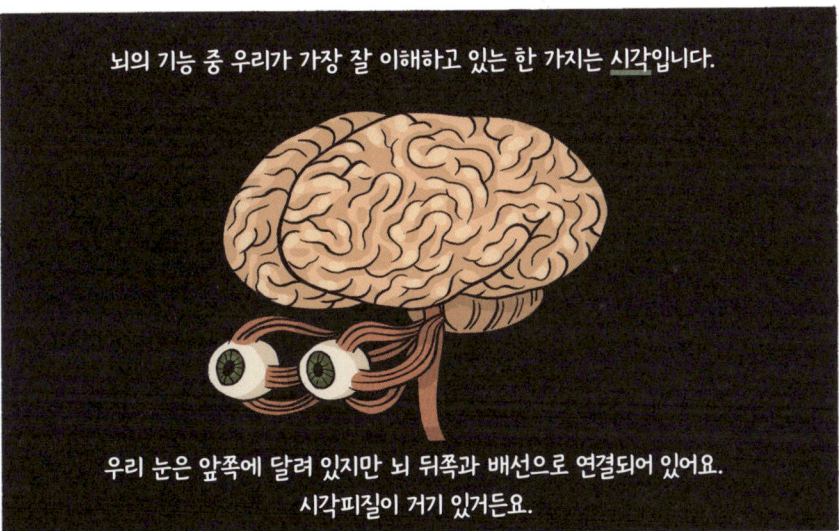

뇌의 기능 중 우리가 가장 잘 이해하고 있는 한 가지는 시각입니다.

우리 눈은 앞쪽에 달려 있지만 뇌 뒤쪽과 배선으로 연결되어 있어요. 시각피질이 거기 있거든요.

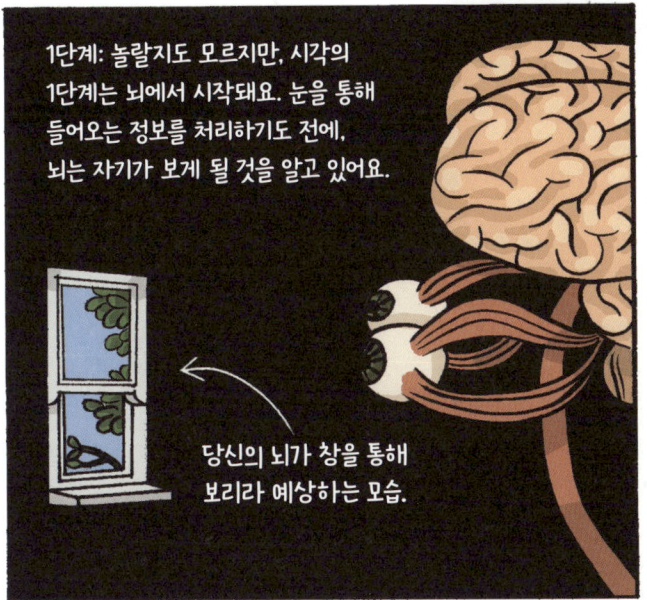

1단계: 놀랄지도 모르지만, 시각의 1단계는 뇌에서 시작돼요. 눈을 통해 들어오는 정보를 처리하기도 전에, 뇌는 자기가 보게 될 것을 알고 있어요.

당신의 뇌가 창을 통해 보리라 예상하는 모습.

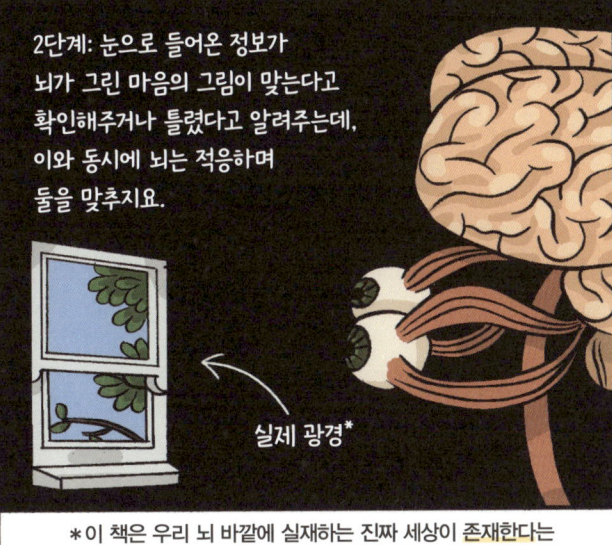

2단계: 눈으로 들어온 정보가 뇌가 그린 마음의 그림이 맞다고 확인해주거나 틀렸다고 알려주는데, 이와 동시에 뇌는 적응하며 둘을 맞추지요.

실제 광경*

*이 책은 우리 뇌 바깥에 실재하는 진짜 세상이 존재한다는 철학적 입장을 취합니다. 이와 다른 철학적 입장들도 존재해요.

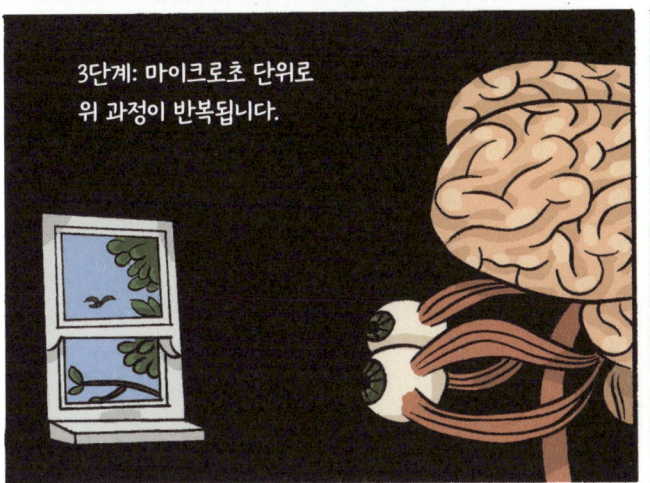

3단계: 마이크로초 단위로 위 과정이 반복됩니다.

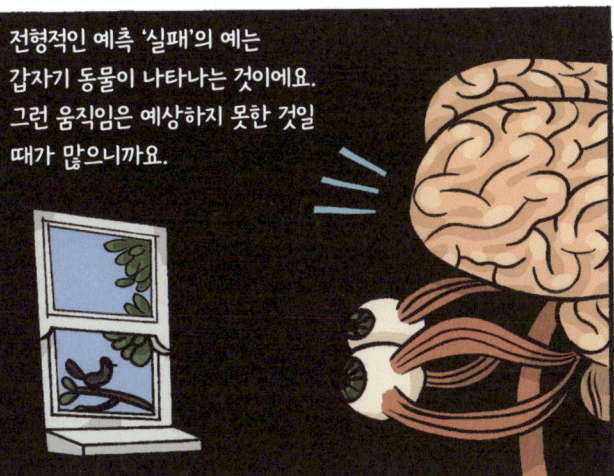

전형적인 예측 '실패'의 예는 갑자기 동물이 나타나는 것이에요. 그런 움직임은 예상하지 못한 것일 때가 많으니까요.

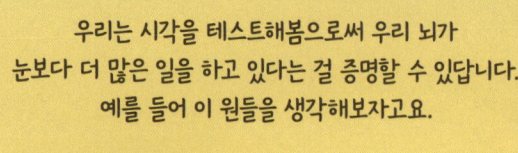
우리는 시각을 테스트해봄으로써 우리 뇌가 눈보다 더 많은 일을 하고 있다는 걸 증명할 수 있답니다. 예를 들어 이 원들을 생각해보자고요.

여러분은 이게 2차원 그림이라는 걸 알지만, 그런데도 3차원의 올록볼록함이 보이는 건 어쩔 수가 없죠.

이 원은 이 페이지를 뚫고 푹 들어가 있죠.

이건 페이지 위로 튀어나와 있고요.

우리가 아무리 뇌에게 이건 그냥 평평한 원이지 입체가 아니라고 말해줘도, 뇌는 이 착시를 피해가지 못한답니다.

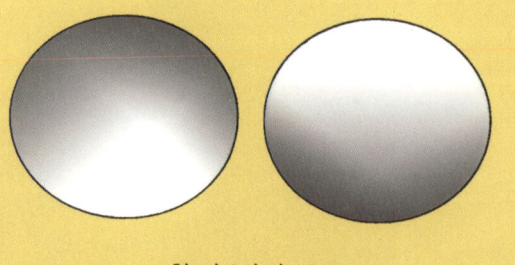

참 성가신 일이죠?

평생 보아온 증거들 때문에 우리 뇌는 위에 그림자가 있는 물체는 오목하고 아래에 그림자가 있는 물체는 볼록하다고 확신하고 있어요.

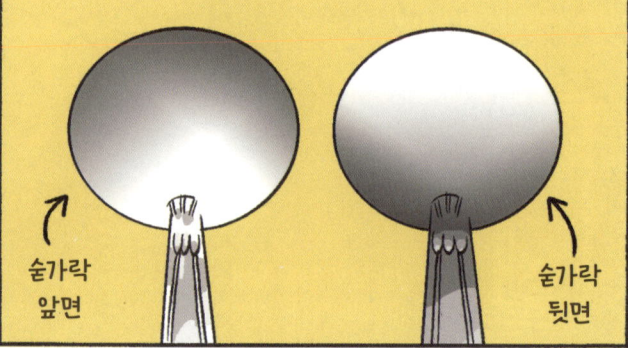

숟가락 앞면

숟가락 뒷면

책을 아래위로 뒤집어보세요.

그런데 우물쭈물 "음음, 뭔가 뒤바뀐 것 같네요."

난 이게 생애 아주 초기에 우리 뇌에 배선되었을 거라고 생각해요.

그리고 난 진화의 산물로서 우리 DNA를 통해 뇌에 배선되었을 거라고도 생각하고요.

이건 우리 가족의 말다툼만큼이나 드라마틱한 일이죠.

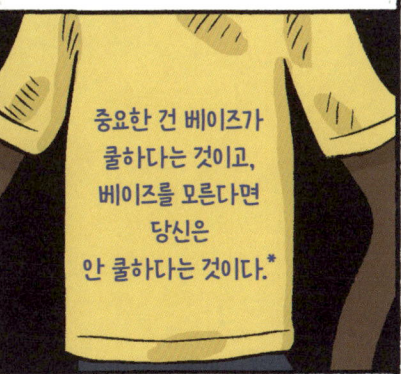

베이즈는 순수한 확률 계산뿐 아니라 거기에 사람들의 직관과 믿음을 고려하여 확률을 측정하는 방법을 개발했어요.

내 계산기에 따르면 이 카드가 에이스일 확률은 13분의 1이에요.

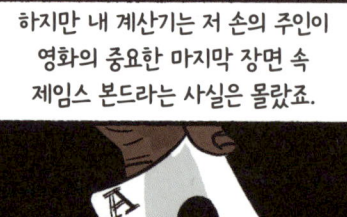

하지만 내 계산기는 저 손의 주인이 영화의 중요한 마지막 장면 속 제임스 본드라는 사실은 몰랐죠.

이 핵심적인 사실을 고려하여 구한 베이즈 확률은 1분의 1이에요.

만약 당신이 (영화 플롯의 한 시점을 연기만 하는 게 아니라) 실제 카드 게임을 하고 있다면, 그 확률 계산은 베이즈가 도와주지 못해요.

여기 이 게임의 목표는 21을 넘지 않으면서 21에 가까이 다가가는 거랍니다. 수학자들은 당신이 좋은 패를 뽑거나 나쁜 패를 뽑을 확률을 계산하는 걸 도와줄 수 있어요.

베이즈가 도와줄 수 있는 부분은, 전반적으로 당신이 이기는 게임보다 지는 게임이 더 많을 거라는 점을 지적해주는 것이죠.

베이즈 확률론의 핵심은, 특정 상황 뒤에 자리한 전반적인 요인들을 고려하는 거예요. 전문 용어로 이 요인들을 사전확률이라고 하지요.

카지노 스타일 카드 게임을 예로 들면, 가장 명백한 사전확률은, 도박으로 부자가 되는 건 카지노뿐이라는 것이죠.

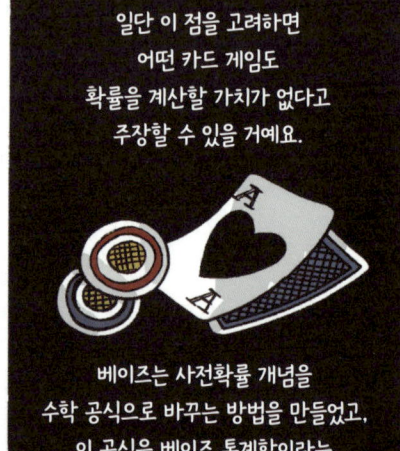

일단 이 점을 고려하면 어떤 카드 게임도 확률을 계산할 가치가 없다고 주장할 수 있을 거예요.

베이즈는 사전확률 개념을 수학 공식으로 바꾸는 방법을 만들었고, 이 공식은 베이즈 통계학이라는 수학의 한 분야에서 사용되고 있어요.

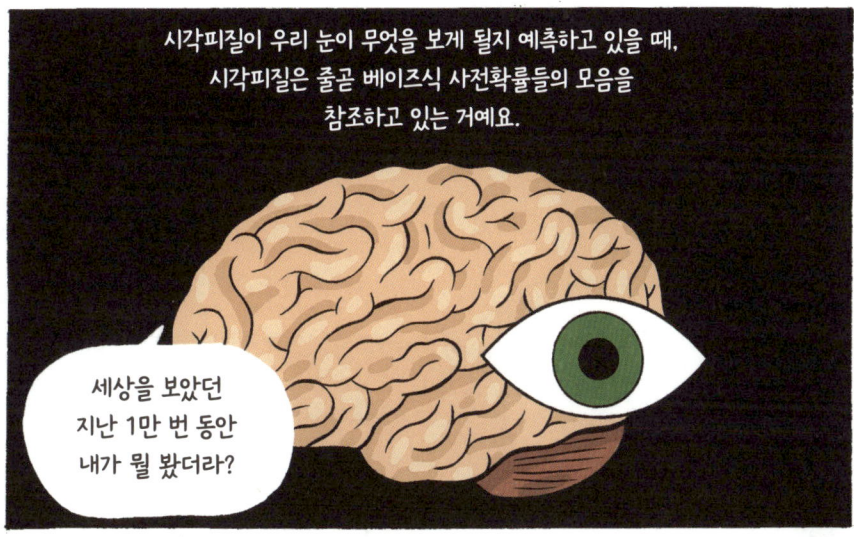

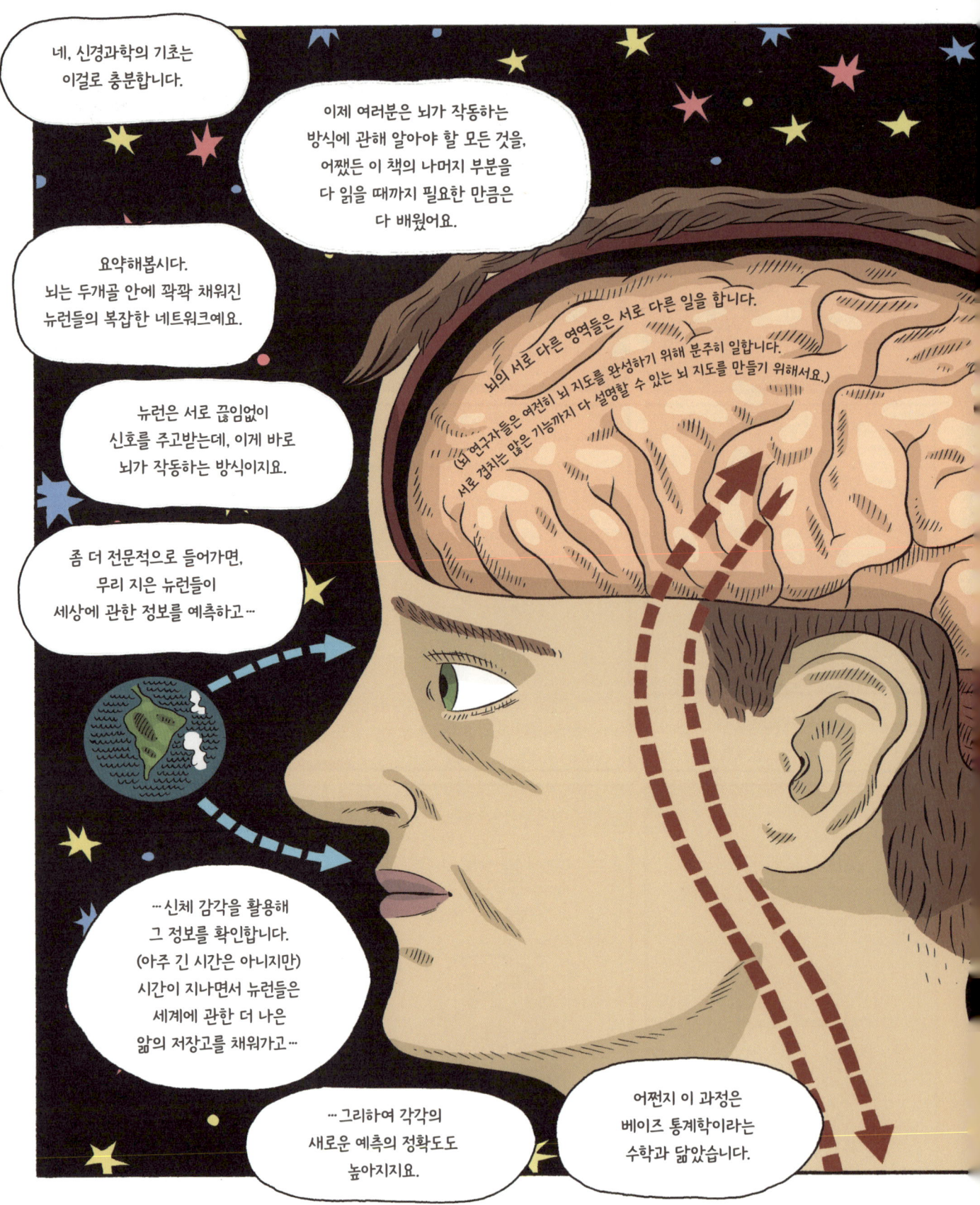

2장

그런데 말이죠, 마침 운명에 관한 질문도 신경과학의 일부랍니다.

지금 우리는 뇌가 삶의 경험을 바탕으로 유용한 베이즈식 사전확률을 점진적으로 쌓아나가고 있다는 걸 알지만, 그 일이 어떻게 시작되는지는 모른답니다. 오늘날 신경과학의 큰 과제 하나는 이른바 선천적 사전확률이란 것을 밝혀내는 거예요.

다시 말해서 처음부터 우리 뇌에 장착돼 있는 세계의 기본적 사실들은 무엇일까하는 의문이죠.

언어기술? 자의식? 색깔? 근육의 운동 조절? 심신이원론에 대한 믿음?

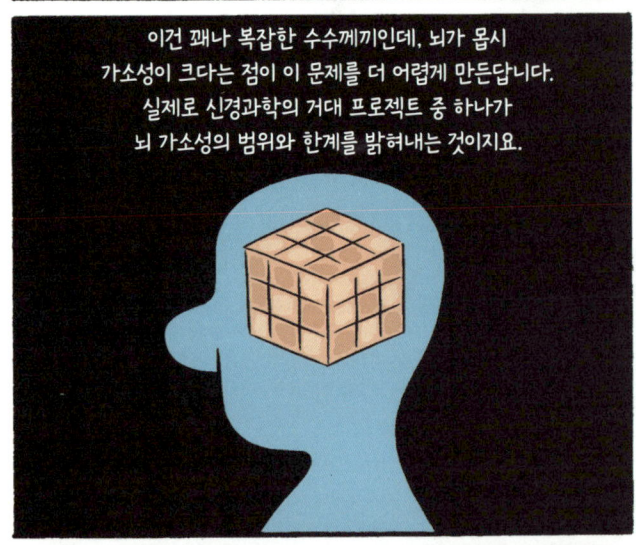

이건 꽤나 복잡한 수수께끼인데, 뇌가 몹시 가소성이 크다는 점이 이 문제를 더 어렵게 만든답니다. 실제로 신경과학의 거대 프로젝트 중 하나가 뇌 가소성의 범위와 한계를 밝혀내는 것이지요.

'가소성'이란 뇌가 스스로 재프로그래밍하는 아주 대단한 능력을 가졌다는 뜻이에요.

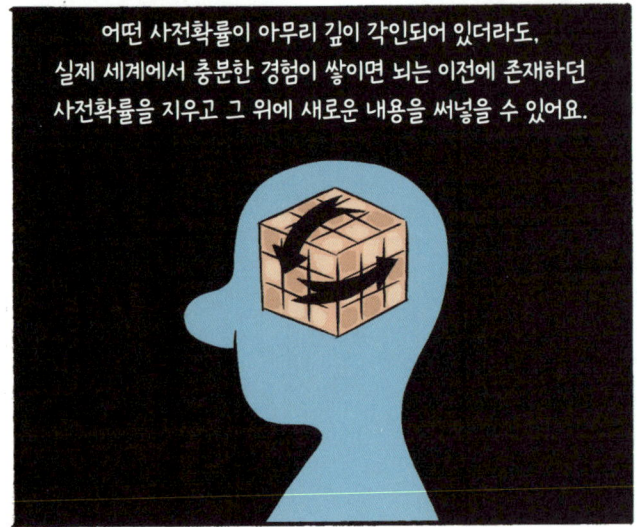

어떤 사전확률이 아무리 깊이 각인되어 있더라도, 실제 세계에서 충분한 경험이 쌓이면 뇌는 이전에 존재하던 사전확률을 지우고 그 위에 새로운 내용을 써넣을 수 있어요.

뇌가 어떻게 변화하는지 알아낼 방법 하나는 그 뇌의 주인에게 시간이 지나면서 취향이 어떻게 바뀌었는지 같은 간단한 질문을 해보는 거예요.

얘는 항상 로큰롤 레코드를 더 모으지 못해 안달이랍니다.

1955년에 아빠의 스쿠터를 얻어탄 우타

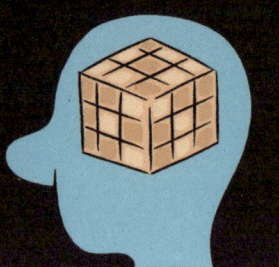

인생 이야기는 잠시 접어두고 과학 이야기를 좀 더 해보죠.

뇌가 사람의 상황에 따라 변할 수 있고 또 실제로 변한다는 것을 물리적으로 어떻게 증명할 수 있을까요?

여기 크리스의 예전 박사후 연구원이었던* 엘리너 매과이어가 분명한 예를 소개해드릴 거예요.

*박사후 연구원: 박사학위를 받은 뒤 독립적으로 경력을 닦기 전 연구팀에 소속되어 연구하는 사람이에요.

비결은 뇌 스캔 장비를 쓰는 겁니다. 이 기계가 아주 잘하는 일 하나가 사람들 사이 뇌의 차이를 측정하는 것이거든요.

저는 런던의 택시 운전사분들과 일반인들을 모집해 뇌 스캔을 실시했답니다.

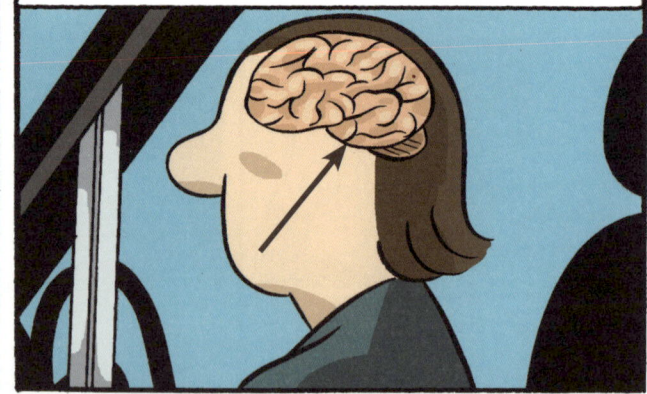

그 결과 대부분의 택시 운전사들의 해마가 다른 사람들에 비해 더 커져 있다는 걸 발견했죠.

런던의 얽히고설킨 도로망에 대한 작업 기억(이를 '지식'이라고 불러요)을 담아두는 특별 공간을 마련하기 위해서였죠.

(뇌의 아래쪽 가까이, 양쪽에 하나씩 두 개의 해마가 있어요. 해마는 기억을 저장하는 일을 담당하지요.)

게다가 우리는 해마의 어느 한 부분은 크기가 줄었다는 것도 발견했는데요. 무엇보다 흥미로운 건 운전사가 은퇴한 뒤로는 두 영역 모두 전형적인 크기로 '냉큼 되돌아간다'는 사실이에요.

이 중요한 연구는 2003년에 이그노벨 의학상을 받았답니다.

웃음을 자아내는 특이한* 연구 주제에 수여하는 그 패러디상 말입니다.

나는 아직도 이그노벨상이 우리의 평판에 도움이 된 건지 아닌지 잘 모르겠어요. 하지만 현대 과학의 한 어두운 부분을 뜯어볼 계기가 되어주기는 하네요.

이 사람 말은 (상을 받은 논문이든 아니든) 논문에 자기 이름을 올리는 일에 얽힌 정치 이야기랍니다.

우리가 막 연구를 시작했던 좋았던 나빴던 옛 시절에는, 논문에 한 사람의 이름만 올리는 일이 많았어요. 그 사람은 연구를 실제로 수행한 사람일 수도 있지만, 그냥 그 연구팀의 리더일 수도 있었죠.

우리가 연구팀을 이끌 수 있을 만큼 충분히 고참이 된 무렵에는 좀 더 공정하게 공을 인정하는 쪽으로 바뀌었답니다. 누군가는 너무 공정해졌다고 말하기도 하죠. 논문에 실린 이름이 영화가 끝나고 올라오는 크레디트처럼 보이기 시작했으니 말이죠.

이건 그 택시 운전사 논문에 실린 전체 명단이에요.

정말 이 모든 사람이 다 참여했어요. 각자 무슨 일을 했는지 짚어볼게요.

엘리너 매과이어
데이비드 개디언
잉그리드 존스루드
캐트리오나 굿
존 애시버너
리처드 프래코위악
크리스 프리스

← 아이디어를 내고, 참가자를 모집해 뇌를 스캔하고 데이터를 분석하고 논문을 썼어요.

← 스캔 결과를 사용할 수 있는 데이터로 갈무리했어요.

← 실험 설계를 위한 개념 구상을 돕고, 논문이 발표되도록 도왔어요.

← 데이터 분석에 사용한 시스템을 함께 개발했어요.

← 실험실과 장비를 위한 자금을 끌어오고 지속적 자금을 확보했어요.

← 연구팀의 수장으로, 실험 아이디어를 전개하는 걸 돕고 내내 격려했어요. (현재는 이름이 적히는 마지막 자리가 가장 존경받는 자리랍니다.)

인생의 모든 일이 그렇듯이 여기서도 역시 가장 중요한 건 여러 사람의 협력이지요.

이 역시 이 책에서 주요하게 다룰 주제랍니다.

*하지만 동시에 진지하고 아주 유용한 과학 연구이기도 해야 합니다.

다른 사람들이 그 논문을 참조했을 때는 "매과이어 등, 2001."이라고* 표기하는 게 표준 방식입니다.

이 만화책에서 우리는 그 규칙을 깨고, 공식적인 논문의 제1저자가 아닌 사람들의 이름도 하나하나 다 표기할 거예요.

맞아요. 그 사람들이 우리의 동료이자 친구인 경우도 아주 많을 거예요. 하지만 모든 경우 분명한 건 새로운 연구를 탄생시키는 데 큰 몫을 한 사람들이라는 거죠.

*이름 뒤에 '등'이 붙는다는 건 큰물에 속해 있다는 확실한 신호랍니다.
이 책에서 언급하는 모든 논문의 전체 기여자 명단은 책 뒤쪽의 참고문헌에서 볼 수 있어요.

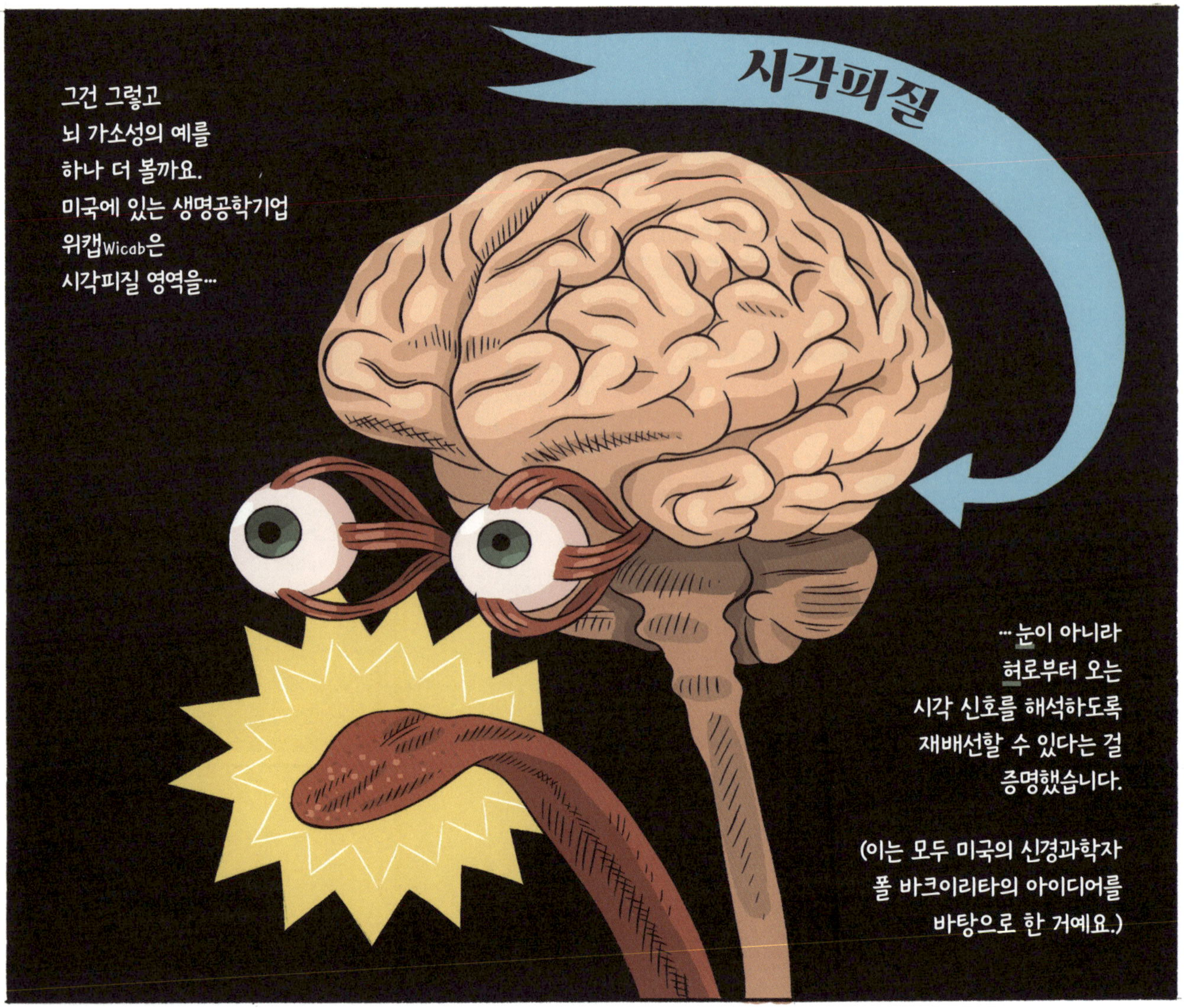

그건 그렇고 뇌 가소성의 예를 하나 더 볼까요. 미국에 있는 생명공학기업 위캡Wicab은 시각피질 영역을⋯

시각피질

⋯눈이 아니라 혀로부터 오는 시각 신호를 해석하도록 재배선할 수 있다는 걸 증명했습니다.

(이는 모두 미국의 신경과학자 폴 바크이리타의 아이디어를 바탕으로 한 거예요.)

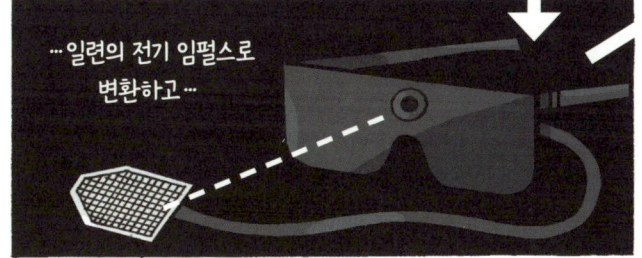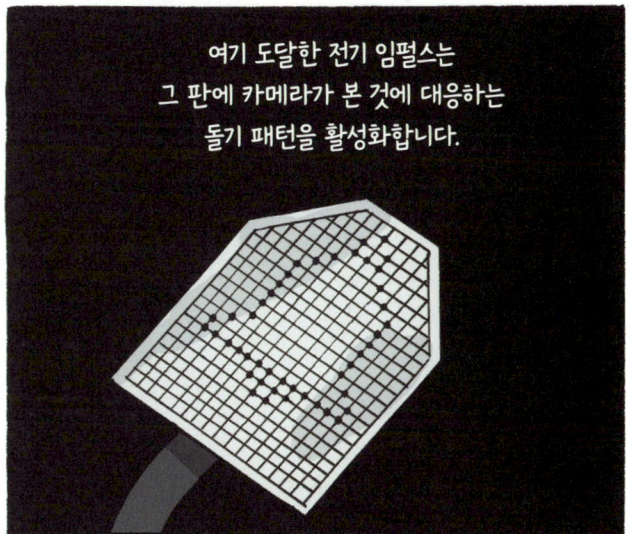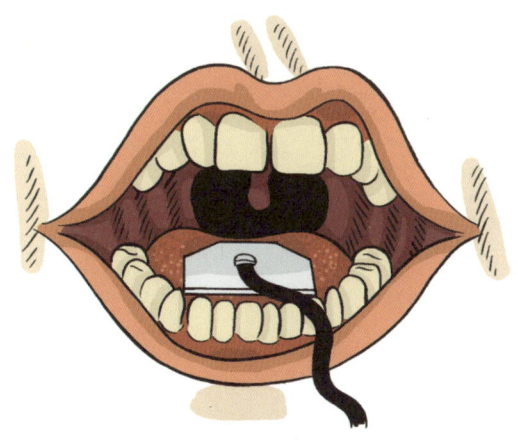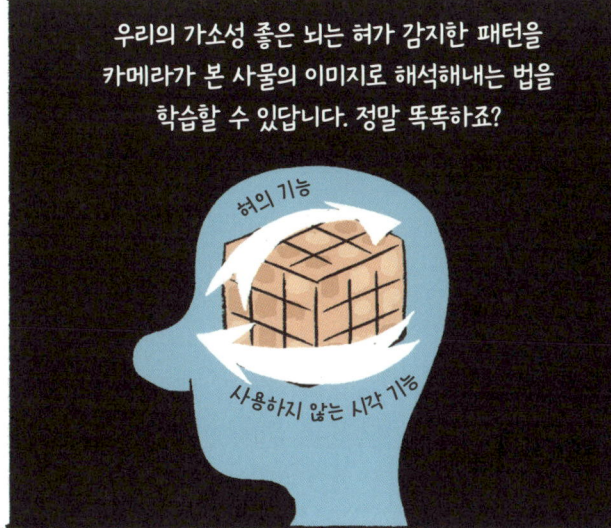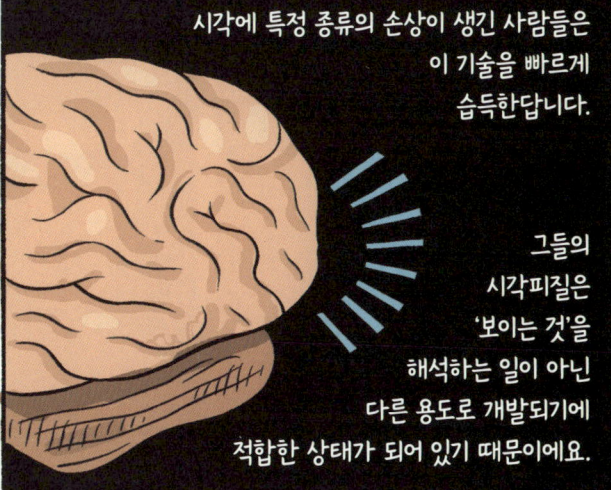

1장에서 배운 내용을 재빨리 다시 떠올려볼게요. 뇌는 신경전달물질이라는 화학물질에서 자극을 받아 뉴런들이 전기적으로 연결됨으로써 작동합니다. 이러한 자극과 연결이 뇌 전역에 각종 경로를 닦아놓으며, 이 과정이 결국에는 마음이라는 경험을 만들어내지요.

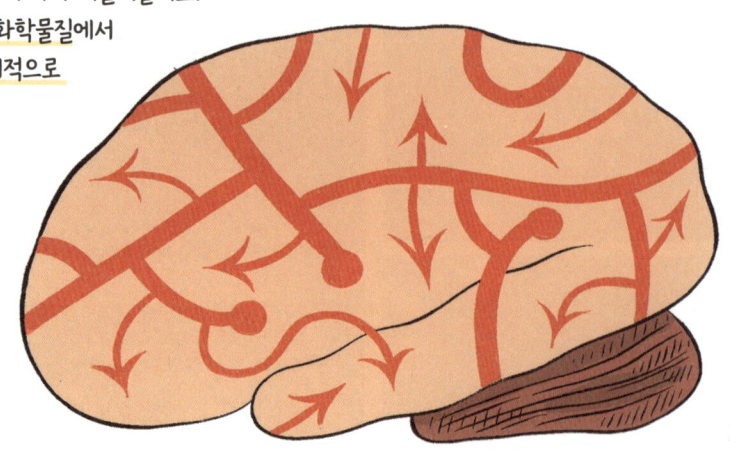

사실 연구자들이 뇌가 작동하는 방식을 알아낼 때 주로 사용하는 방법은 뇌가 작동하지 않는 사례를 탐구하는 거예요. 뇌는 너무나 복잡한 기관이니, 뭔가 삐끗 잘못될 수 있다는 건 놀라운 일도 아니죠.

내가 처음 이런 경험을 한 건 1963년에 독일 남서부에 있는 자를란트대학교에서 학부 수업을 받고 있을 때였어요.

야호! 금요일이다. 내가 제일 좋아하는 수업이 있는 날이야.

정신의학* 교수님은 본인 진료소의 환자들을 데려와 강의실을 가득 메운 학생들에게 소개하시곤 했죠.

*정신의학: 정신적 장애에 관한 의학적 연구.
심리학: 인간 행동에 관한 비의학적 연구.

교수님은 환자들에게 질문을 던지고, 우리도 그들에게 질문해보라고 하셨어요.

이분들은 우울증자, 조현병자, 강박증자인데…*

나는 뭔가를 하고자 하는 의욕이 전혀 없어요.

어떤 목소리가 내가 나쁜 사람이라고 말해요.

나는 계속 손을 씻는데 아무리 해도 깨끗해졌다는 느낌이 안 들어요.

*유감스럽게도 당시엔 진단명으로 사람들에게 꼬리표 붙이는 일을 아무렇지 않게 했답니다.

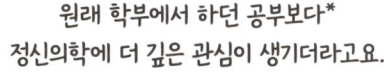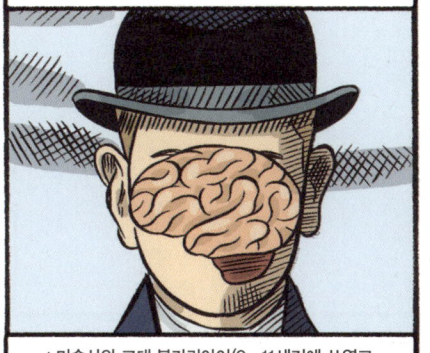

그리하여 1963년에는 런던 정신의학연구소에 적을 두고 임상심리학* 대학원 과정을 열심히 밟아가고 있었어요.
이론상 내가 배우고 있던 것은 다양한 뇌/마음에 장애가 있는 사람들을 진단하고 치료하는 법이었죠.
그 과정에서 나는 런던의 콜스던에 있는 케인힐 병원에서 조현병 진단을 받은 여러 사람을 만났답니다.

그들이 어떤 얘기를 했는지 좀 살펴볼까요.

*임상심리학 = 진단과 치료에 적용되는 심리학.

어떤 힘이 내 입술을 움직이고 나는 말을 하기 시작해요. 내가 말할 단어들은 이미 준비되어 있어요.

마치 나로서는 알 수 없는 누군가 혹은 무언가가 나를 조종해 이리저리 끌고 다니는 것 같아요.

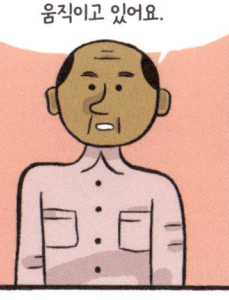

우리 할아버지가 내게 최면을 걸었는데 지금은 내 발을 위아래로 움직이고 있어요.

얘가 거울을 들여다보면 귀와 수염이 있는 토끼 얼굴로 변해요.

나는 곧 내가 임상 실무를 할 수 없을 것임을 깨달았습니다.

내가 존경하는 훌륭한 심리학자들과 달리, 나로서는 환자들을 설득할 자신이 전혀 없었거든요. 이를테면 이렇게요…

1) 선생님한테는 뭔가 잘못된 부분이 있습니다.

2) 제가 선생님을 낫게 할 수 있어요!

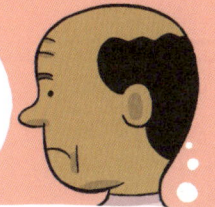

이 친구야, 자네야말로 뭔가 잘못된 부분이 있는 게 분명해.

주로 나는 뇌가 만들어낼 수 있는 다양한 결과들에 매료되었고, 환각과 망상을 이해하고 싶었답니다.

그리고 단순하면서도 명료한 실험을 구상하고 실행하는 일도 좋아했지요. 심리학에서는 고려해야 할 요소가 아주 많은 경우, 단순하고 명료한 실험을 설계하는 것이 매우 어렵답니다.

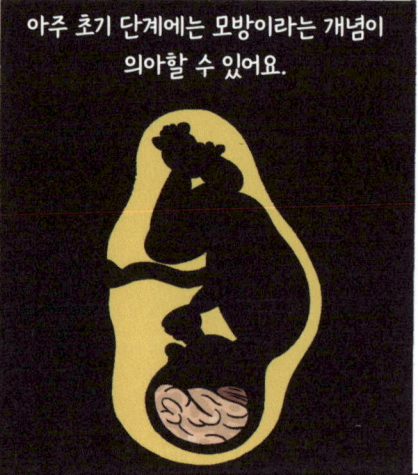
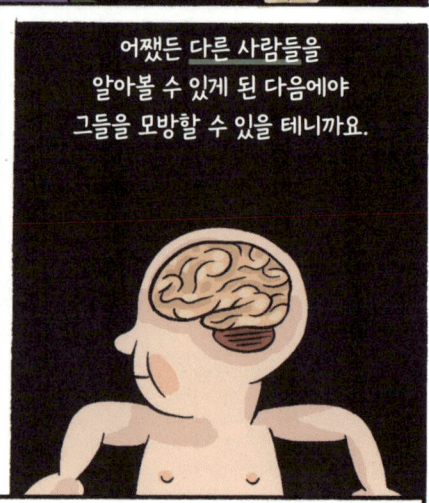
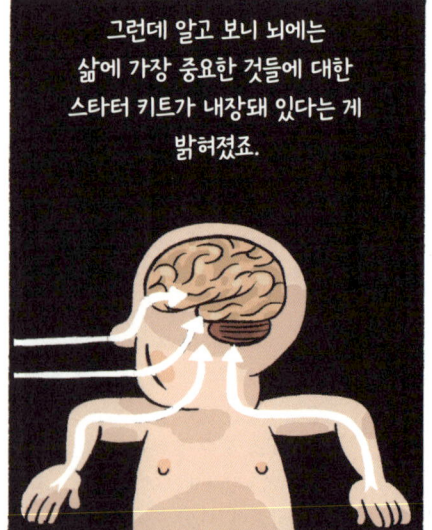
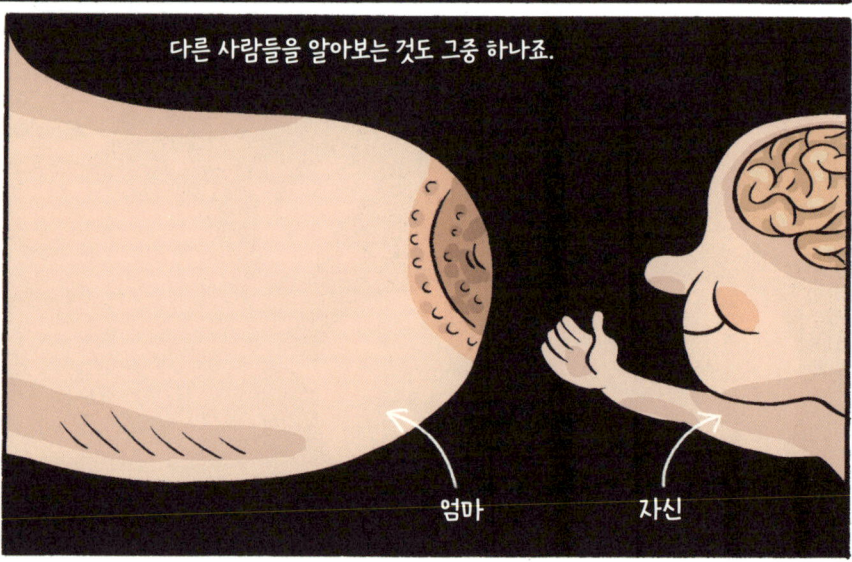

갓 태어난 아기에게 만물은 초점이 흐린 상태로 색깔도 없이 보인답니다.

색깔이 보이고 초점도 맞춰지기까지는* 몇 달이 걸립니다.

*놀랍게도 처음에는 사물이 흐리게 보이는 것이 아기가 사람 얼굴을 더 쉽게 알아보는 데 도움이 된답니다.

모든 감각은 미세하게 조정되어야 하는데, 이 일은 몇 년이 걸릴 수도 있어요.

하지만 사실 갓 태어난 아기들은 태어나자마자 사람 얼굴을 알아볼 수 있답니다.

비밀은 이목구비의 배열에 있어요. 우리는 신생아가 얼굴이라는 개념을 인지할 수 있는 이유가, 다음 중 왼쪽 이미지들을 오른쪽 이미지들보다 더 좋아하기 때문임을 알고 있답니다.

이런 배열을 더 좋아해요.   이런 배열은 별로이고요.

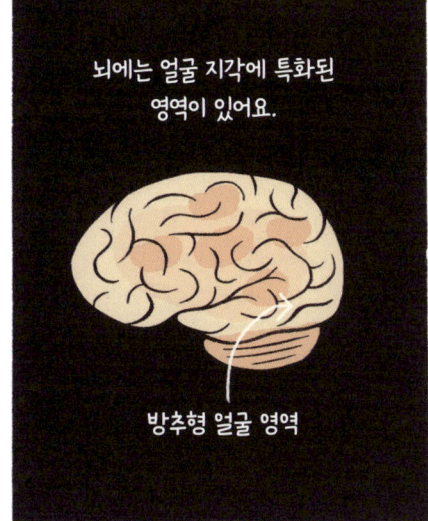
뇌에는 얼굴 지각에 특화된 영역이 있어요.

방추형 얼굴 영역

얼굴을 알아보는 능력은 태어나고 9분 안에 생긴답니다.

그 시점부터 우리는 어디서나 얼굴 모양을 쉽게 알아보죠. 구름과 덮개 천, 토스트 조각에서도요.

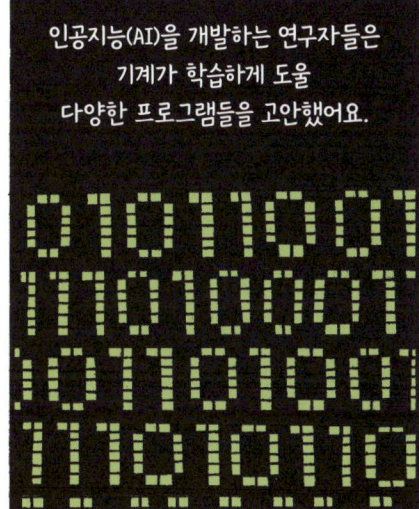

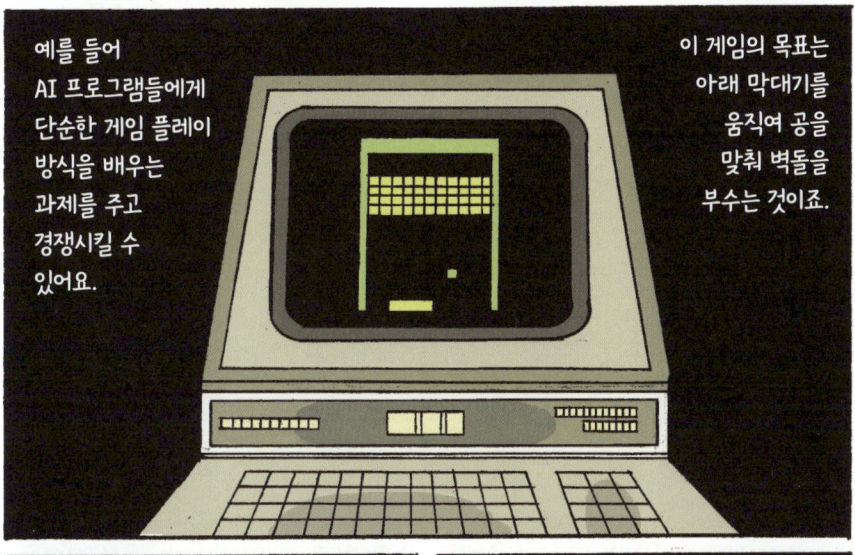

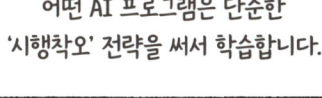

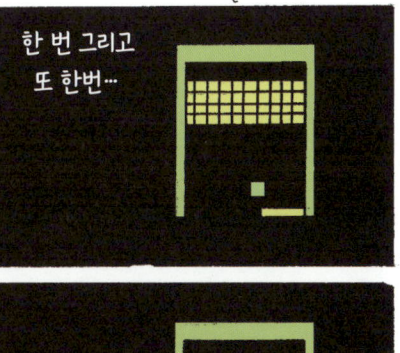

가능한 움직임의 수가 엄청나게 많은 만큼, 대부분의 움직임은 즉각 게임이 끝나는 결과로 이어질 수밖에 없겠죠.

하지만 AI는 실패를 꺼리지 않아요. 약간 증가한 새로운 정보로 무장한 채 기꺼이 다시 시작합니다.

이윽고 AI는 공이 있는 자리로 막대를 갖다 대는 법을 배우게 되고, 그렇게 게임은 계속됩니다.

AI는 이 게임의 목표를 모른다는 점을 명심하세요. AI의 유일한 목적은 계속 게임을 하는 거예요. 결국에는 게임을 더 잘하게 되면 게임을 더 오래 할 수 있다는 것을 학습하게 될 겁니다.

만약 이 AI가 사람의 뇌라면…

… 이 AI에게는 선천적 사전확률이 없다고 말할 수 있겠죠.

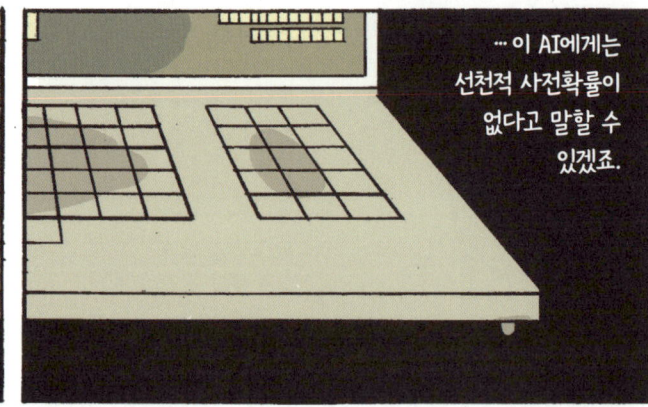

또 사람들을 관찰하고 모방하도록 프로그램된 AI들도 있습니다.

혹은 게임을 플레이하고 있는 다른 AI들을 관찰하고 모방하도록 프로그램된 것도 있어요.*

여러 다양한 실험 전반에 걸쳐, 플레이하는 게임이 무엇이든 상관없이, 모방을 통해 학습하는 AI가 시행착오 모델의 AI보다 훨씬 더 빨리 게임에 능숙해졌어요.

*이 부분은 구글 딥마인드를 방문하여 본 내용을 근거로 했습니다.

*우리와 비슷한 사람들에게 끌리고 다른 사람들에게 적대적인 뇌의 편향에 관해서는 이 책 뒤에서 더 많이 이야기할 거예요.

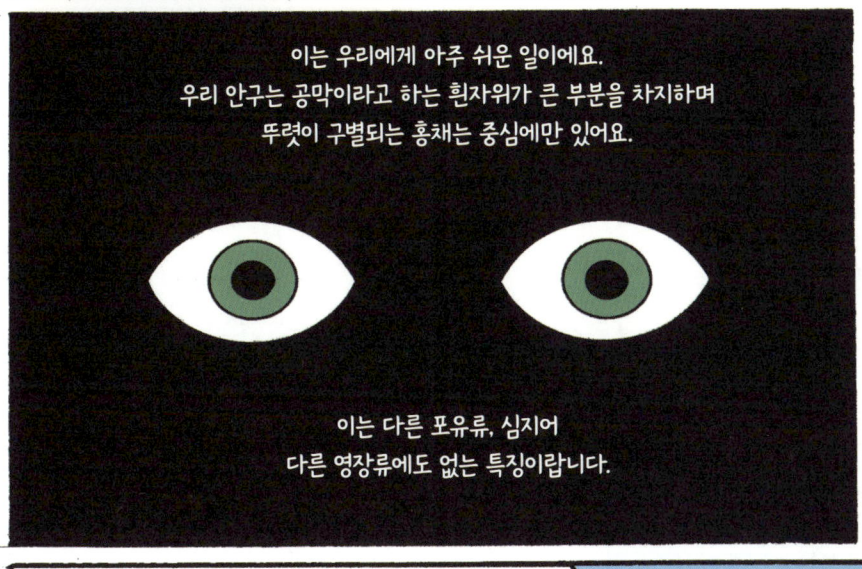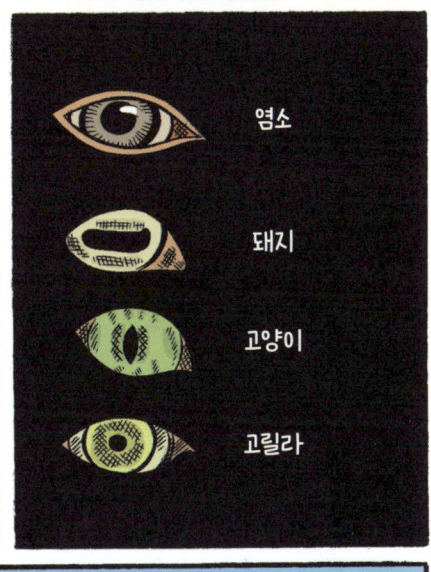

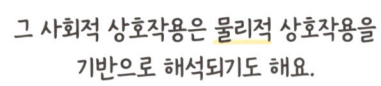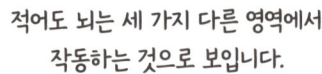

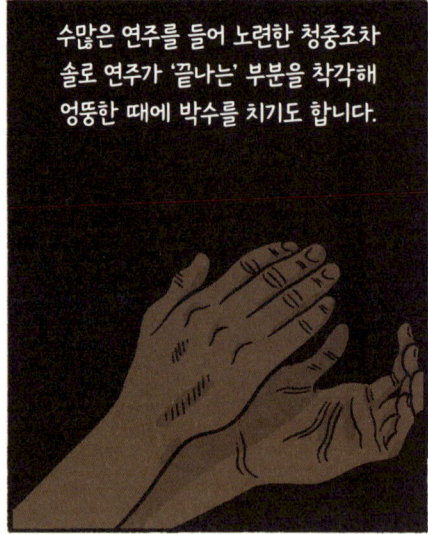

결과 1:
사람들은 함께 웃는 두 사람의 웃음소리 중 짧은 일부만 듣고도 두 사람의 관계를 정확히 판단할 수 있답니다.

(심지어 두 사람의 모습을 봐야만 정확한 추측을 할 수 있는 것도 아니고요.)

결과 2:
심지어 자신과 다른 언어를 사용하는 다른 문화권에 속한 사람들의 웃음소리라도 마찬가지랍니다.*

*지금으로서는 우리 뇌가 이런 묘기를 부릴 수 있다는 사실만 알지, 어떻게 그럴 수 있는지는 정확히 모릅니다.

그 연구자들은 웃음(과학적으로는 아직 제대로 이해하지 못하는 현상이지만)이 보편적인 현상인 동시에 상대방 (한 사람이든 다수이든)이 얼마나 협조적인 태도를 취할지를 꽤 정확히 측정해주는 수단이라고 말합니다.

여러분이 외교관이라면 꽤 유용하겠죠.

이 작자 진짜 속내가 뭐야?

단순한 결과지요. 하지만 조심해야 해요. 까다로운 부분도 없지는 않으니까요.

두 번째 연구에서 나온 통계에 따르면 사람들이 정확하게 추측하는 비율은 53~67퍼센트라고 해요.

대략 3번 중 2번이라고 하면 더 생각하기 쉽겠네요.

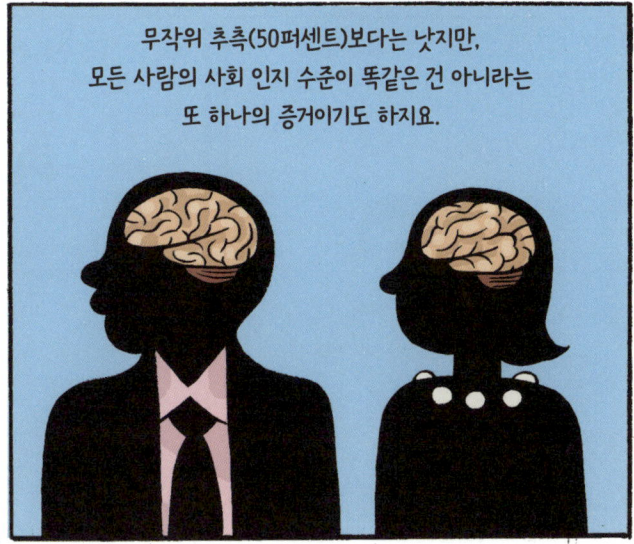

무작위 추측(50퍼센트)보다는 낫지만, 모든 사람의 사회 인지 수준이 똑같은 건 아니라는 또 하나의 증거이기도 하지요.

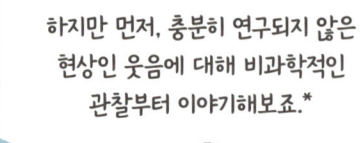

어휴, 배움에 관해서는 배워야 할 게 너무 많다니까요.

하지만 여기서 핵심 교훈은 사회적인 거예요. 우리는 다른 사람들을 지켜봄으로써 세상에 관해 학습해요.

하하하!

특히 사람들의 눈을 보면서요.

눈은 서로의 마음을 들여다보는 창문이지요.

사람의 눈을 바라보면 곧바로 그들의 생각이나 의도까지 일부 알 수 있죠.

이런 재주는 타고나는 걸까요? 배우는 걸까요? 우리도 잘 몰라요. 어쩌면 우리는 우리에게 그 기술이 있다고 생각하지만 사실은 없을지도 모르고요. 다음 장에서 무슨 얘긴지 알게 될 거예요!

다른 사람을 꼼꼼히 관찰하면서 우리는 새로운 걸 배우는 궁극의 지름길인 모방의 길에 올라섭니다.

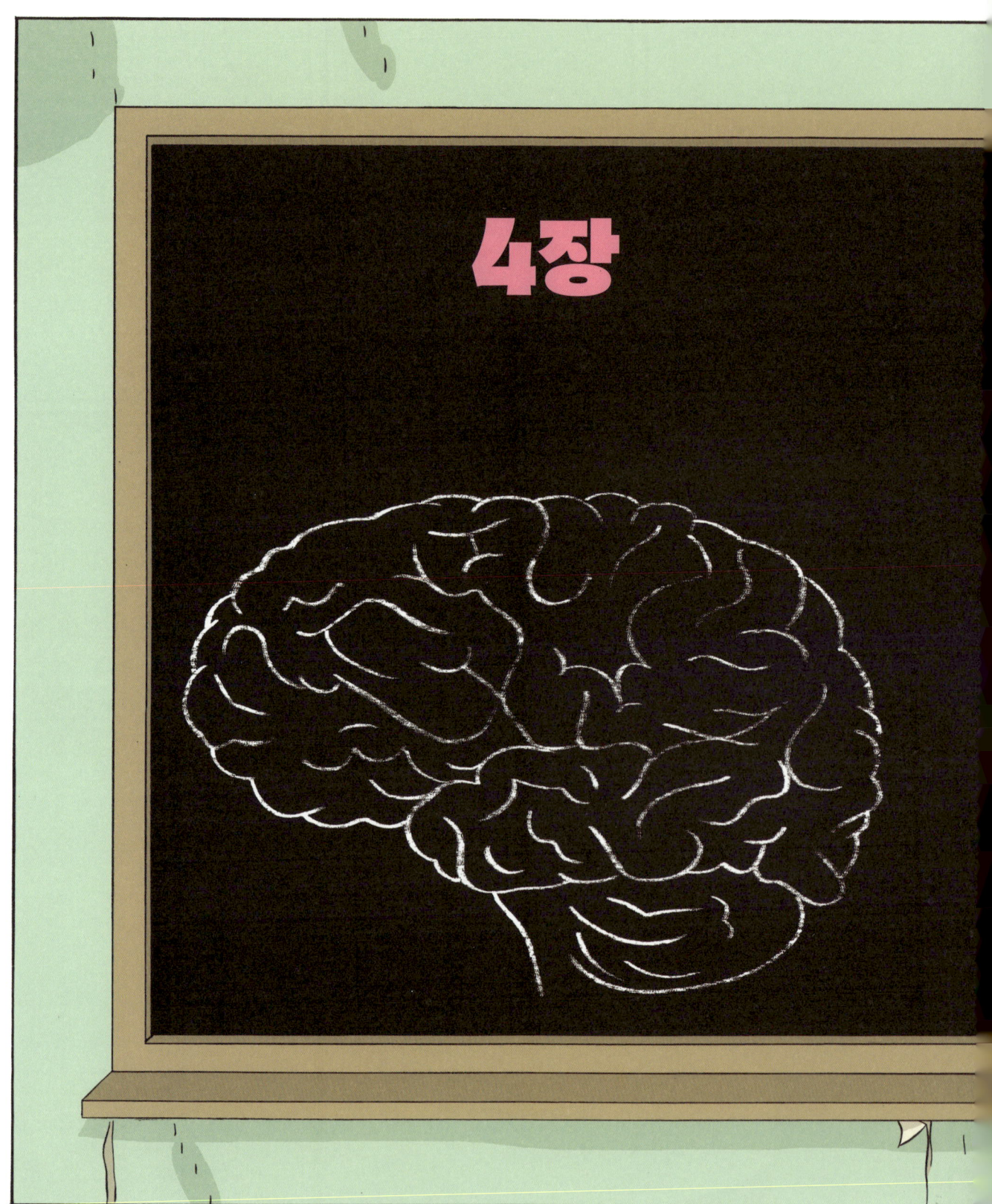

COMMENTS

너무 웃겨!

어느 동물학자가 정글에 카메라를 두고 왔는데, 유인원이 그걸 발견하고 이런 셀카를 찍었다네요.

COMMENTS

벌들이 인간보다 나은 건가?

이 사랑스러운 벌들은 벌집의 이익을 위해 자기 목숨을 희생한다네요.

COMMENTS

우리 모두 언젠가는 죽는다네.

우린 이를 알고 있고, 당신도 알고 있고, 심지어 코끼리도 알고 있어요. 죽은 코끼리에게 경의를 표하는 코끼리들을 담은 장면.

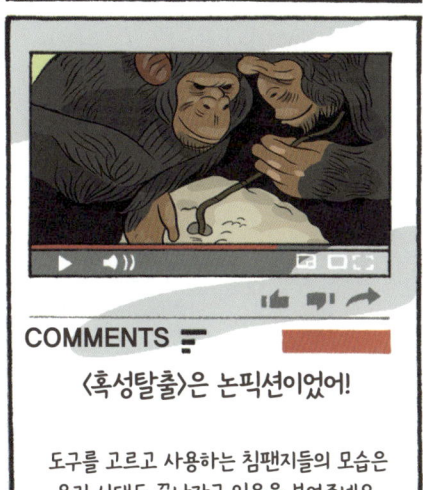

COMMENTS

〈혹성탈출〉은 논픽션이었어!

도구를 고르고 사용하는 침팬지들의 모습은 우리 시대도 끝나가고 있음을 보여주네요.

이건 아마 들어본 적 없을 거예요. 동물들도 모방뿐 아니라 가르침을 통해서도 배울 수 있다는 이야기예요.

미어캣을 예로 들어보죠.

어른 미어캣은 새끼들에게 침에 쏘이지 않으면서 전갈을 잡는 방법을 가르칩니다.

미어캣은 미리 단계별로 가르침을 준비해두도록 진화해왔답니다.

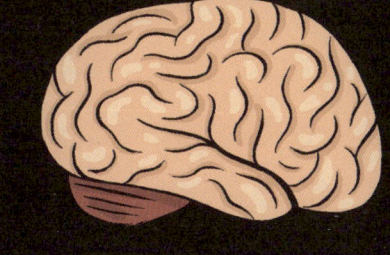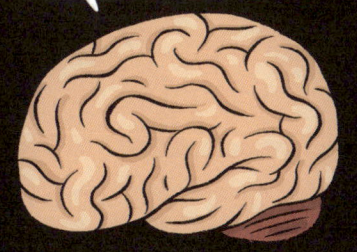

성인을 대상으로도 같은 실험을 해봤는데, 어른들은 어린아이들보다 훨씬 더 강력하게 각 단계를 과잉모방했답니다. 과잉모방이라고 말하는 이유는 상자를 열기 위해 그 <u>모든</u> 단계를 다 모방할 필요는 없기 때문이에요.

이 아이는 순서대로 정확히 모방했네요. 대다수 아이가 이렇게 한답니다.

정확히 모방해야 해!   정확히 모방해야 해!

흔들고 두드리고 하는 짓 다 의미 없어 보이지만, 그래도 그렇게 하는 게 좋겠군!

과잉모방은 <u>사회적인</u> 행동이에요. 우리가 그렇게 하는 건 우리가 속한 집단이 하는 방식이기 때문이죠. 그리고 우리는 자신이 집단에 잘 스며들길 원하고요.

의도적으로 과잉모방을 <u>하지 않는</u> 것은 자신이 이 집단이 아닌 저 집단의 소속임을 표하는 한 방법일 수 있죠.

이건 아마 사람만이 하는 일일 거예요. 역설적이지만, 유인원은 과잉모방을 <u>하지 않는</u>답니다.

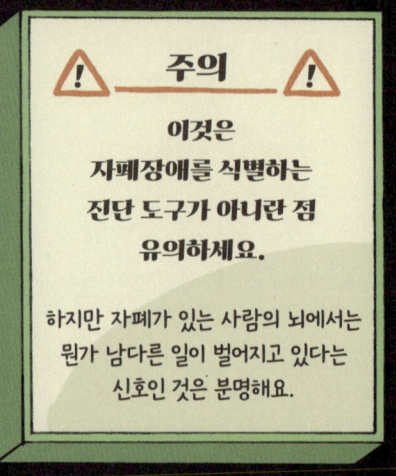

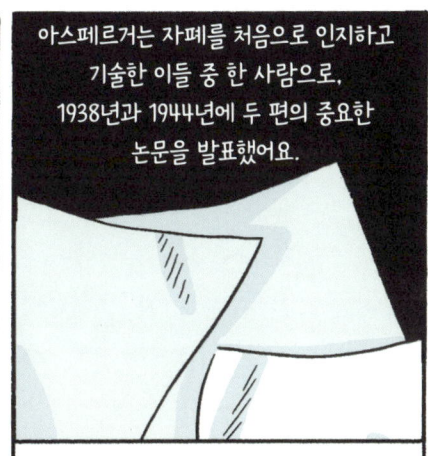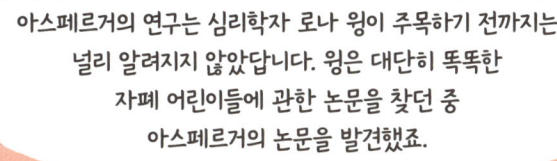

로나 윙은 매우 다양한 사례들에 걸쳐 공통되는 특징들을 추려내고

이를 스펙트럼으로 묘사했어요.

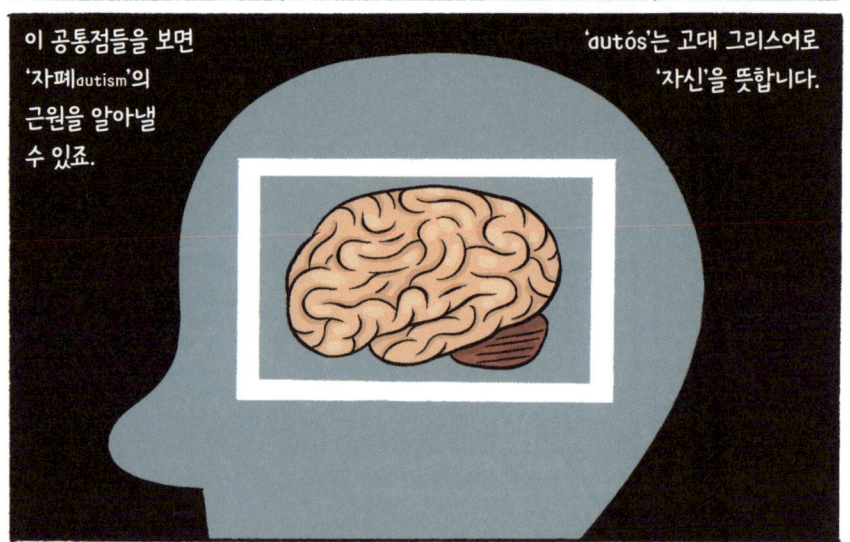

이 공통점들을 보면 '자폐autism'의 근원을 알아낼 수 있죠.

'autós'는 고대 그리스어로 '자신'을 뜻합니다.

'ism'은 그것이 하나의 상태임을 표시하므로, '자폐'란 기본적으로 '자신에게 몰두한 상태'라는 뜻이에요.

자폐 진단을 받은 사람들은 모두 아직 밝혀지지 않은 어떤 이유에선가, 대부분의 사람들, 즉 신경전형인과 달리 자연스럽게 주위 사람들과 연결을 맺지 못해요.

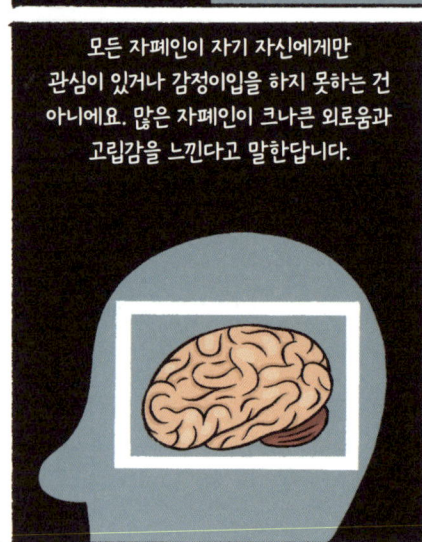

모든 자폐인이 자기 자신에게만 관심이 있거나 감정이입을 하지 못하는 건 아니에요. 많은 자폐인이 크나큰 외로움과 고립감을 느낀다고 말한답니다.

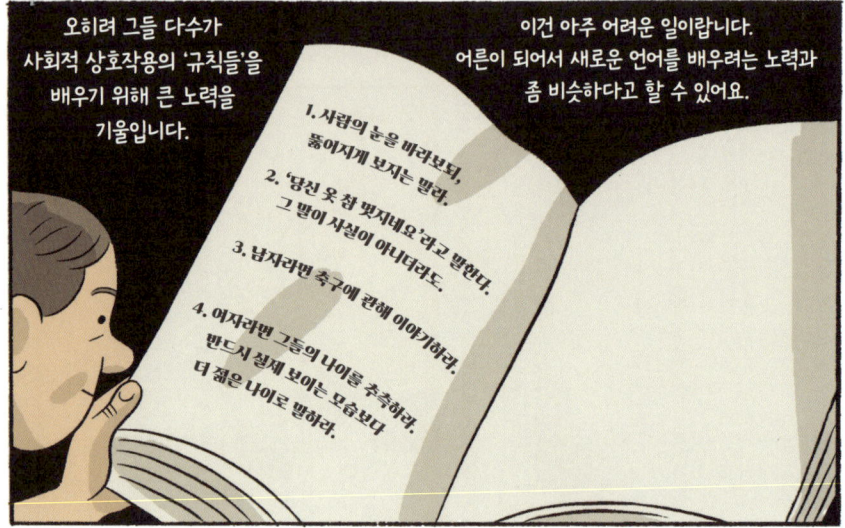

오히려 그들 다수가 사회적 상호작용의 '규칙들'을 배우기 위해 큰 노력을 기울입니다.

이건 아주 어려운 일이랍니다. 어른이 되어서 새로운 언어를 배우려는 노력과 좀 비슷하다고 할 수 있어요.

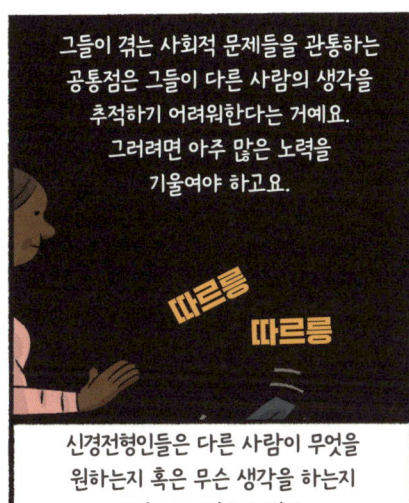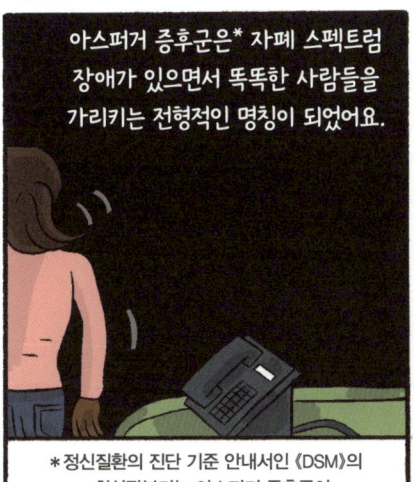

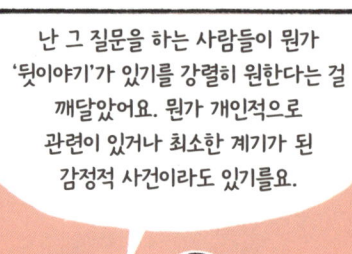

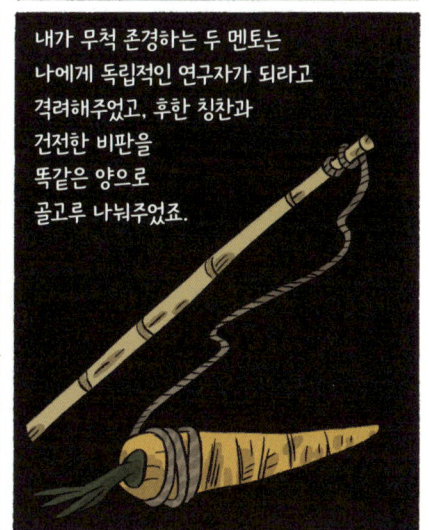

여러 해가 흘러 1989년에 나는 자폐를 다룬 나의 첫 책을 출간했답니다.

*그 책은 자폐장애가 어떻게, 왜 생기는지는 설명하지 않아요. 자폐의 어떤 면이 수수께끼 같은지 설명하죠. 네, 저 부제는 나도 마음에 안 들어요.

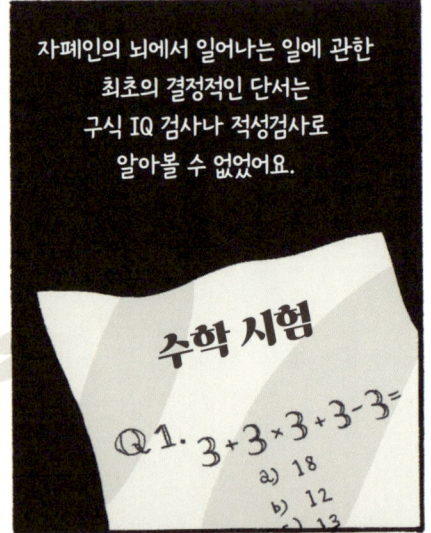

자폐인의 뇌에서 일어나는 일에 관한 최초의 결정적인 단서는 구식 IQ 검사나 적성검사로 알아볼 수 없었어요.

그 단서는 아이들이 노는 방식에 대한 로나 윙의 관찰에서 나왔지요.

플로라   로라

플로라는 자기 테디베어 인형을 침대에 눕히고 자기가 인형의 엄마인 척하고 놀았죠.

잘자, 테디.

로라는 자기 장난감들을 일렬로 줄지어 놓았어요.

플로라는 엄마인 척하는 놀이를 했고, 로라는 하지 않았죠.

'척하는 것'에 대한 또 하나의 관찰 결과가 있어요. 이번에는 아기를 관찰한 것이죠.

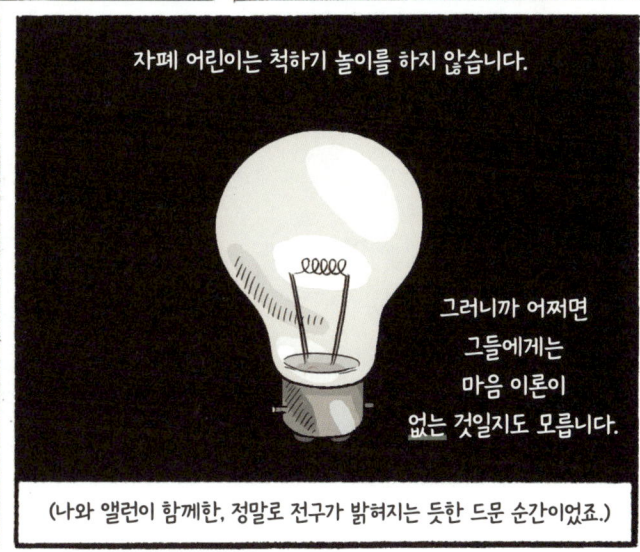

같은 시기에 심리학자 요제프 페르너와 하인츠 비머는
어린아이들에게서 마음 이론을 관찰할 수 있을지
알아보기로 했어요.

그들은 오래된 독일 만화
《막스와 모리츠》의*
한 장면을 떠올렸죠.

이 장면에서 막스와 모리츠는
볼테 아줌마가 닭고기를 먹은 건
자기 개라고 생각할 거라 믿고 있죠.

다시 말해 이건 실제로 일어나고 있는 일이
아니라 아줌마의 머릿속 생각을
이용하는 장면이에요.

그게 바로 '마음 이론'이랍니다.

휘리릭! 이미 닭 한 마리가 위로 올라가고 있네요.

*이 책 외에도 빌헬름 부슈의 만화들은 프리스 집안의 핵심 교재랍니다.

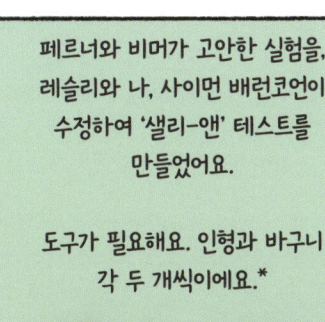

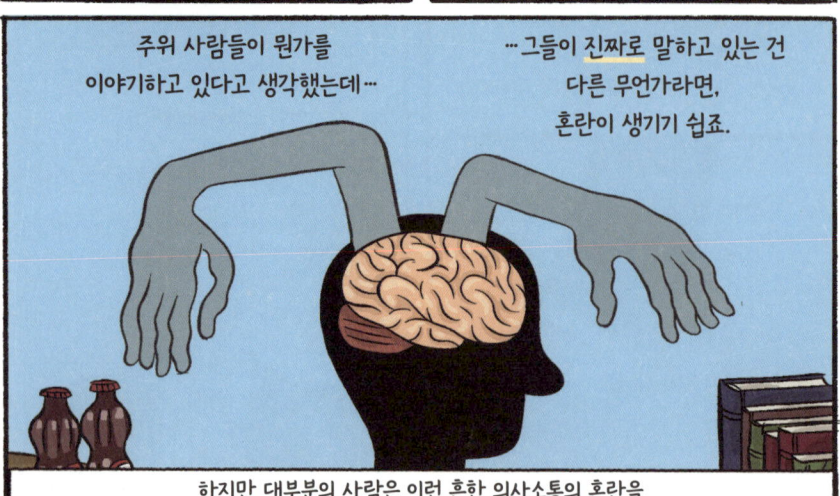

심리학자 아그네스 코바치는 생후 1개월인 아기에게서도 마음 이론을 관찰할 수 있었답니다. 또 하나의 인기 만화 〈스머프〉를 활용해서요.

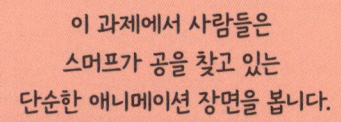
이 과제에서 사람들은 스머프가 공을 찾고 있는 단순한 애니메이션 장면을 봅니다.

공은 장막 앞에 있을 수도 있고 뒤에 있을 수도 있어요.

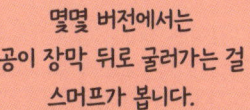
몇몇 버전에서는 공이 장막 뒤로 굴러가는 걸 스머프가 봅니다.

하지만 공은 장막 뒤편까지 완전히 넘어가지는 않아요.

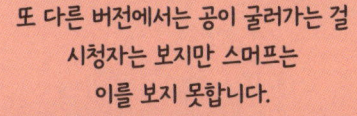
또 다른 버전에서는 공이 굴러가는 걸 시청자는 보지만 스머프는 이를 보지 못합니다.

시청자는 스머프가 장막 뒤에서 공을 찾을 수 있을 거라고 예상하는지 그러지 않는지 알 수 있어요.

스머프의 시선을 봄으로써 말이죠.

스머프가 공이 거기 있을 거라고 예상했는데 공이 사라지고 없다면, 어린 아기들까지 포함해 대부분의 시청자는 스머프의 놀란 마음을 함께하며 한참 그 자리를 응시합니다.

마음 이론은 적어도 몇몇 형태로는 아주 어렸을 때부터 존재한답니다. 나는 이것이 마음 이론이 선천적 능력임을 의미한다고 생각해요.

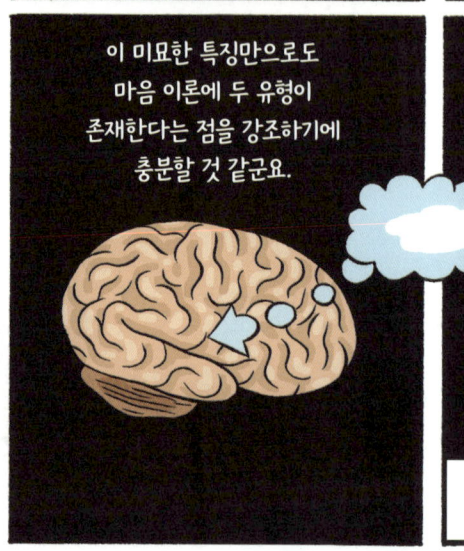
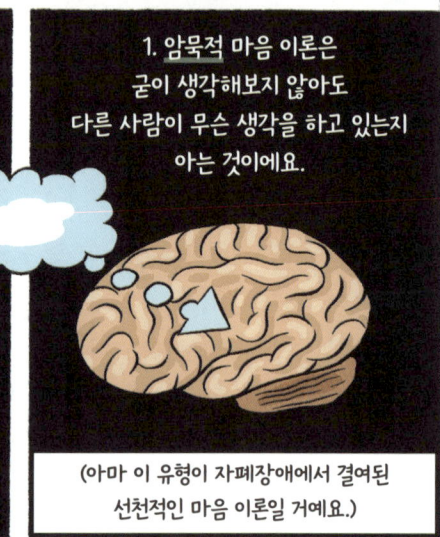

*자폐 커뮤니티의 많은 이들이 자폐 진단을 받지 않은 사람들을 일컬을 때 사용하는 단어예요.
물론 '전형적' 뇌 같은 것은 존재하지 않으며, 그냥 편리하게 쓰이는 단어일 뿐입니다.

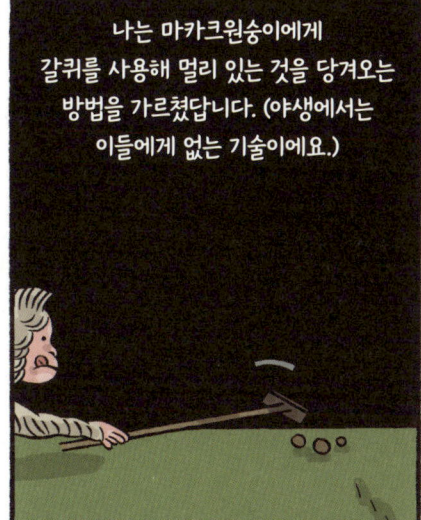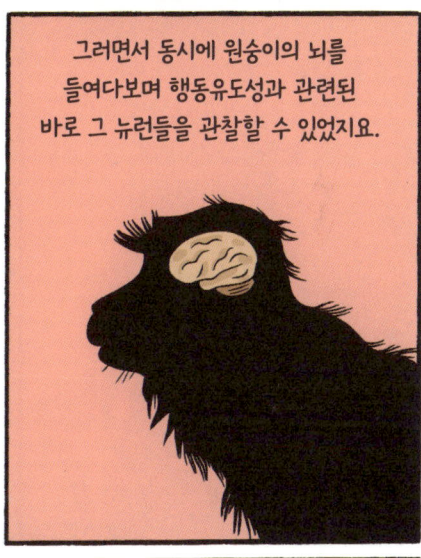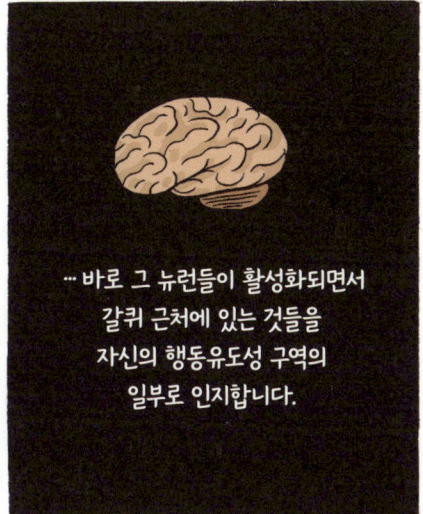

다시 말씀드리지만, 자폐는 자기 자신에게만 관심이 있거나 반사회적인 상태가 아니에요.

하지만 가장 똑똑한 사람들까지 포함해 자폐의 공통된 특징 하나는 무의식적인 여러 사회적 신호들을 파악하는 것을 정말로 어려워한다는 거예요.

어떤 신호요?

음, 그게 정말 까다로운 부분이죠.

사회적 관점에서 모방이나 과잉모방을 하는 게 적절한 때가 언제인지, 또 다른 사람이 알거나 바라거나 믿는 것 등을 고려하는 것이 적절한 때가 언제인지 말해주는 신호가 있죠.

우리는 사람의 사회적 상호작용이 뇌 기능의 관점에서 어떻게 작동하는지 거의 모릅니다. 그리고 그 상호작용이 작동하(거나 하지 않)는 그 모든 미묘하게 다른 방식들을 모두 알고 있는 것도 분명 아니고요.

심지어 우리는 과연 어떤 면이 인간 사회를 다른 동물들의 사회와 다르게 만드는지도 단언하지 못해요.

과학이란 정말로 경이롭지요! 우리는 삶의 긴 시간을 말 그대로 아무도 이해하지 못하는 것을 이해하려는 노력에 바쳤는데, 우리가 아는 건 우리가 실패할 거라는 것, 적어도 우리 생애 안에서는 실패하리라는 것뿐이니 말이에요.

우린 어차피 다르게 살지는 않았을 거예요. 다른 직업을 택했다면 아주 따분했을 거라고요.

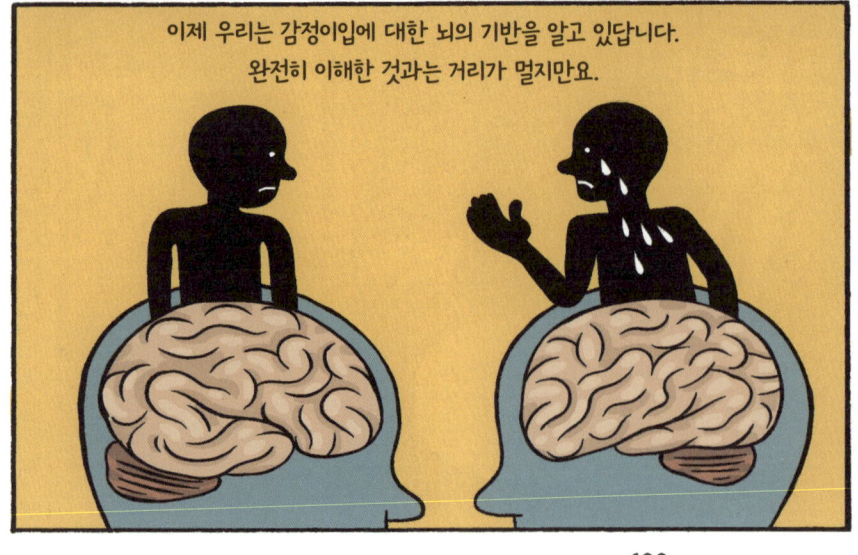

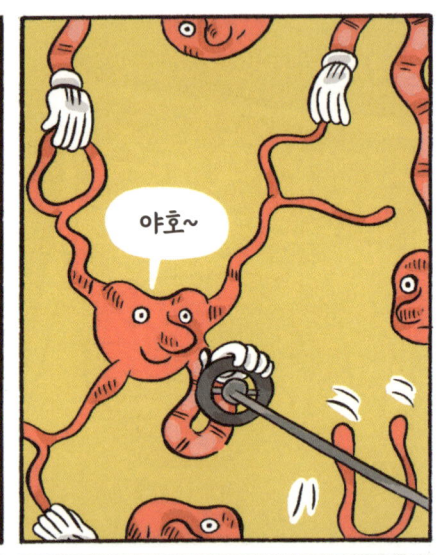

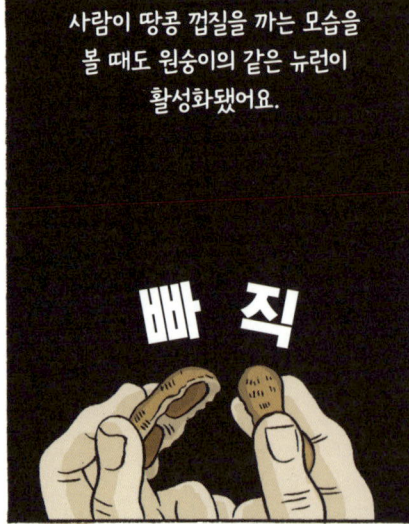

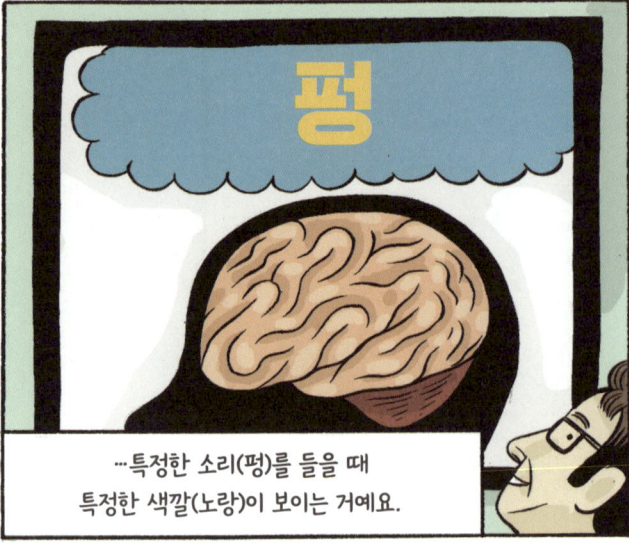

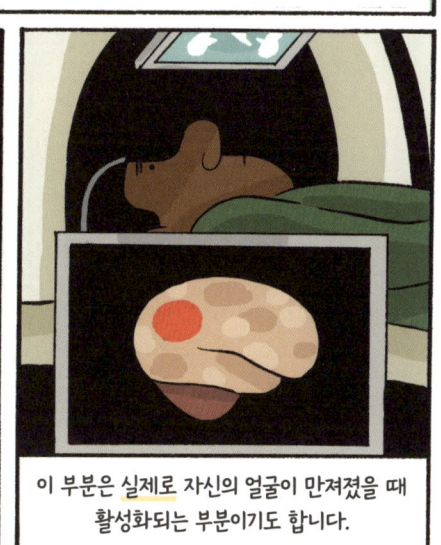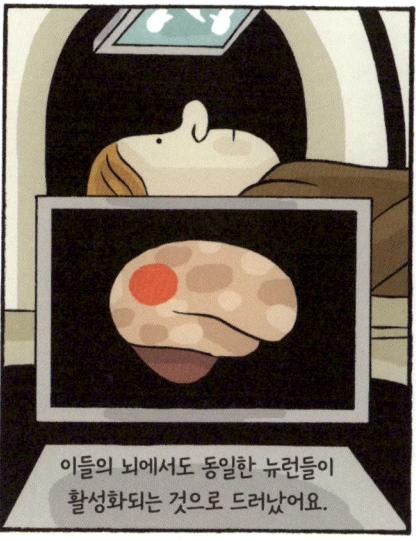

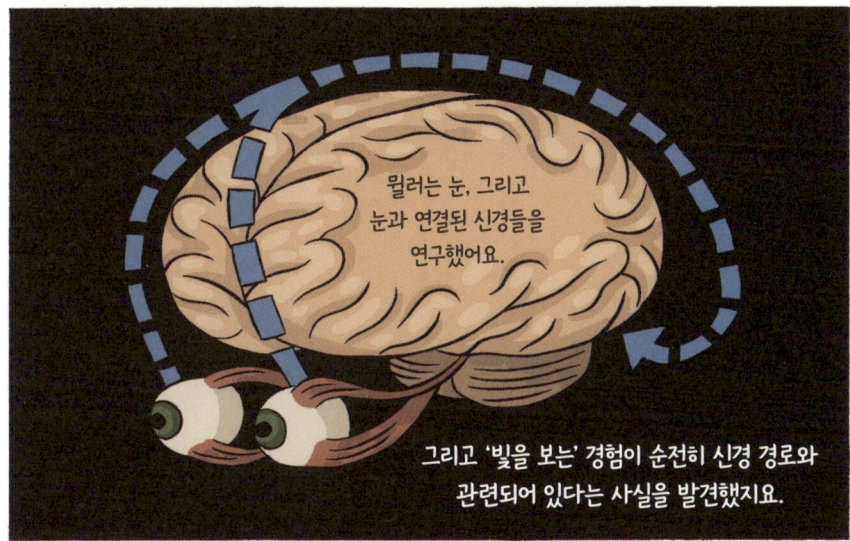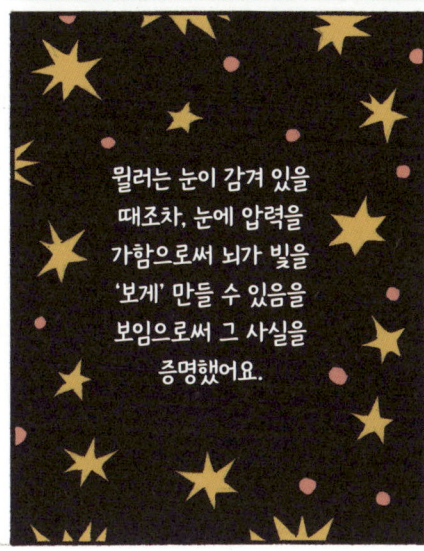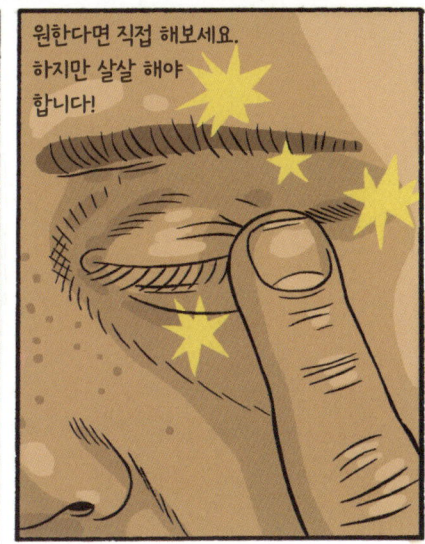

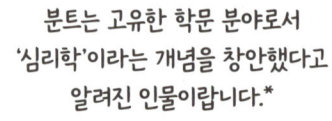

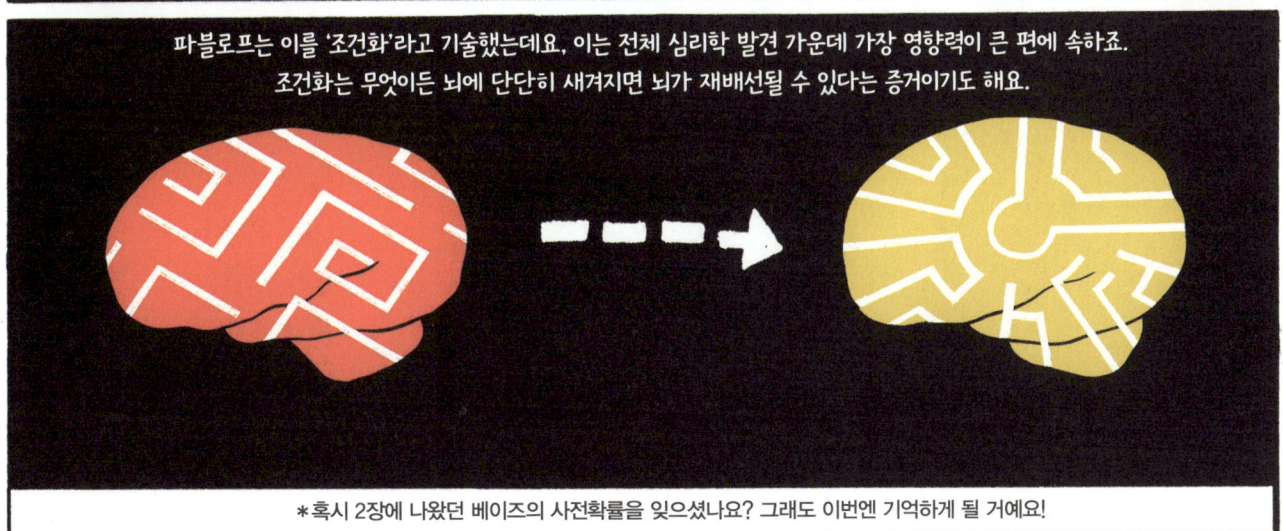

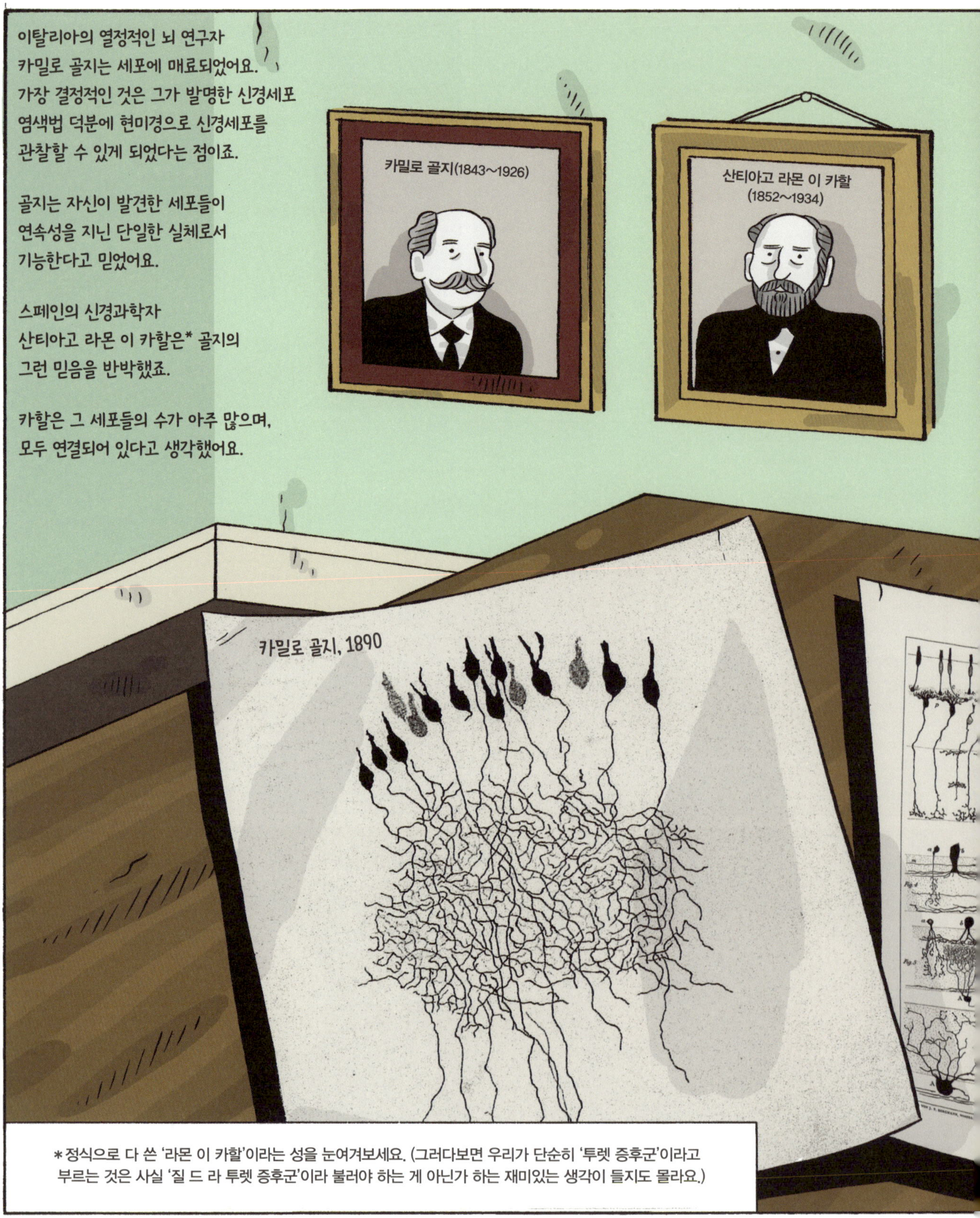

이탈리아의 열정적인 뇌 연구자 카밀로 골지는 세포에 매료되었어요. 가장 결정적인 것은 그가 발명한 신경세포 염색법 덕분에 현미경으로 신경세포를 관찰할 수 있게 되었다는 점이죠.

골지는 자신이 발견한 세포들이 연속성을 지닌 단일한 실체로서 기능한다고 믿었어요.

스페인의 신경과학자 산티아고 라몬 이 카할은* 골지의 그런 믿음을 반박했죠.

카할은 그 세포들의 수가 아주 많으며, 모두 연결되어 있다고 생각했어요.

카밀로 골지(1843~1926)

산티아고 라몬 이 카할 (1852~1934)

카밀로 골지, 1890

*정식으로 다 쓴 '라몬 이 카할'이라는 성을 눈여겨보세요. (그러다보면 우리가 단순히 '투렛 증후군'이라고 부르는 것은 사실 '질 드 라 투렛 증후군'이라 불러야 하는 게 아닌가 하는 재미있는 생각이 들지도 몰라요.)

어떤 이들은 뇌의 작동에 관한 세밀한 내용을 연구하는가 하면, 또 어떤 신경과학의 선구자들은 더 큰 그림을 그리고 있었어요.

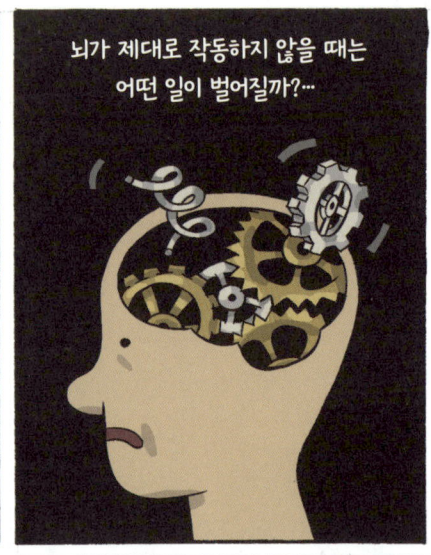
뇌가 제대로 작동하지 않을 때는 어떤 일이 벌어질까?…

… 하고 폴 브로카(1824~1880)는 의문을 품었습니다.

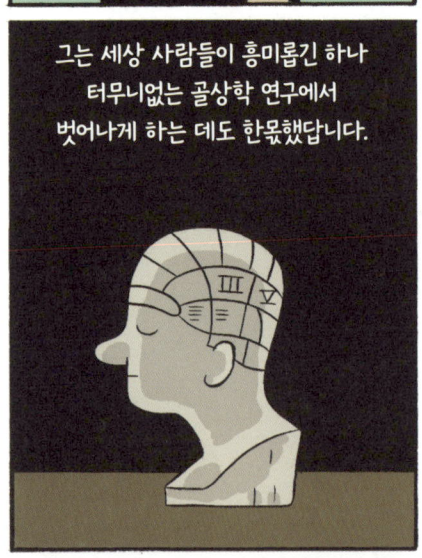
그는 세상 사람들이 흥미롭긴 하나 터무니없는 골상학 연구에서 벗어나게 하는 데도 한몫했답니다.

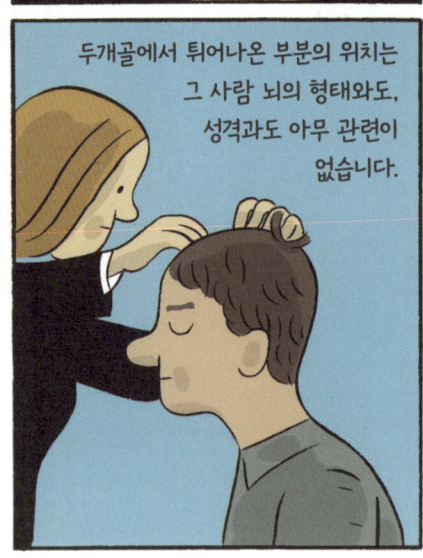
두개골에서 튀어나온 부분의 위치는 그 사람 뇌의 형태와도, 성격과도 아무 관련이 없습니다.

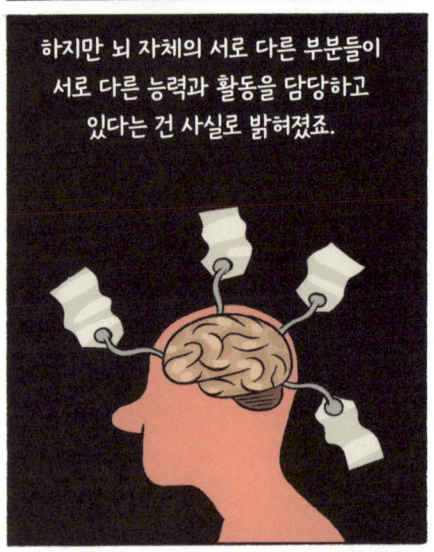
하지만 뇌 자체의 서로 다른 부분들이 서로 다른 능력과 활동을 담당하고 있다는 건 사실로 밝혀졌죠.

브로카는 언어를 이해할 수는 있지만 말은 거의 못 하는 한 환자를 연구했습니다.

그는 말을 만들어내는 일을 담당하는 뇌의 한 영역(지금도 '브로카 영역'이라고 불러요)을 발견했어요. 하지만 이 영역은 말을 이해하는 일에는 관여하지 않는답니다.

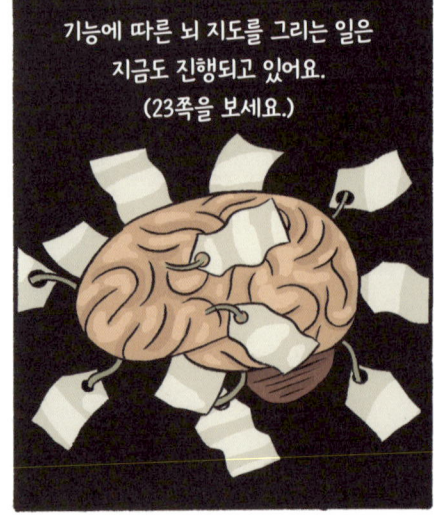
기능에 따른 뇌 지도를 그리는 일은 지금도 진행되고 있어요. (23쪽을 보세요.)

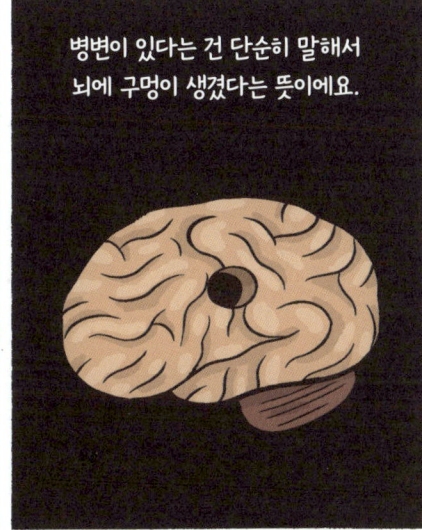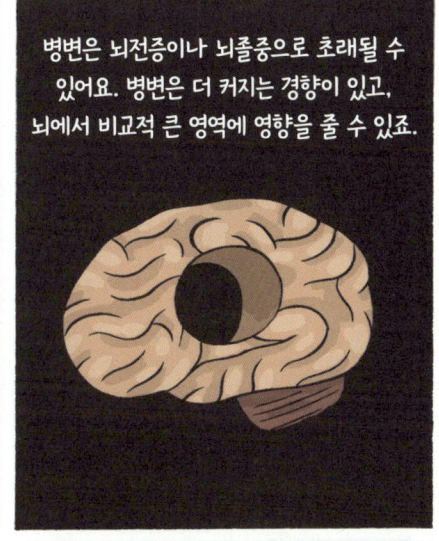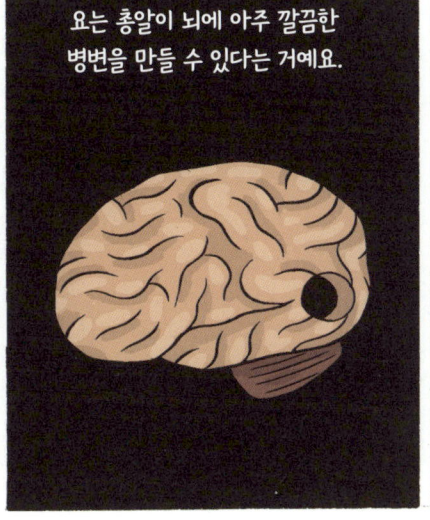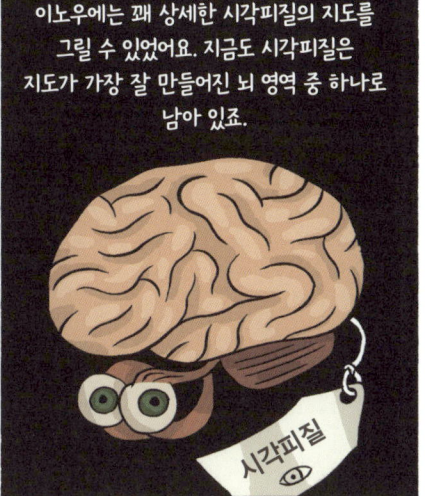

그 검사에 환자들이 답한 방식으로 워링턴은 그들 뇌의 어느 위치에 병변이 있는지 판단했답니다.

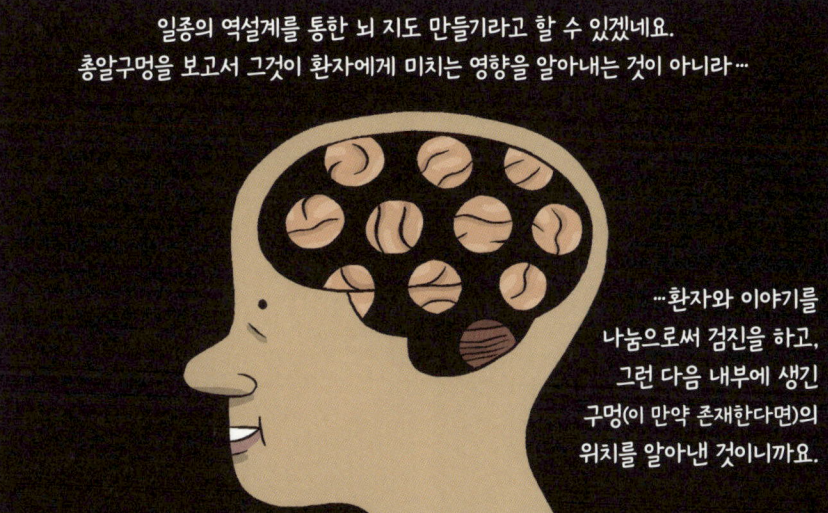
일종의 역설계를 통한 뇌 지도 만들기라고 할 수 있겠네요. 총알구멍을 보고서 그것이 환자에게 미치는 영향을 알아내는 것이 아니라…

…환자와 이야기를 나눔으로써 검진을 하고, 그런 다음 내부에 생긴 구멍(이 만약 존재한다면)의 위치를 알아낸 것이니까요.

브렌다 밀너(1918년생)는…

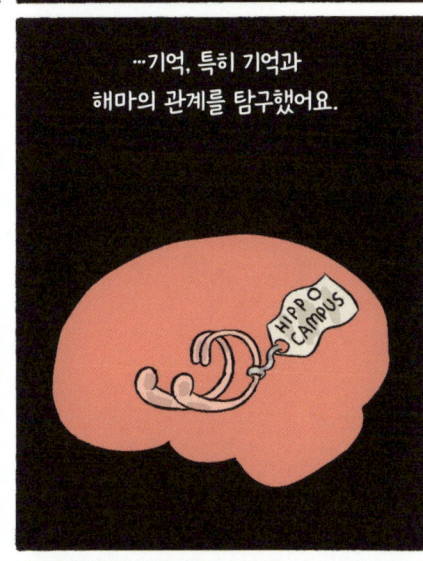
…기억, 특히 기억과 해마의 관계를 탐구했어요.

유명한 기억상실증 환자 'H.M.'을 연구했는데요, 그는 새로운 사건을 기억하지 못했죠.

그런데도 H.M.이 새로운 기술은 습득할 수 있다는 걸 밀너는 알아냈어요.

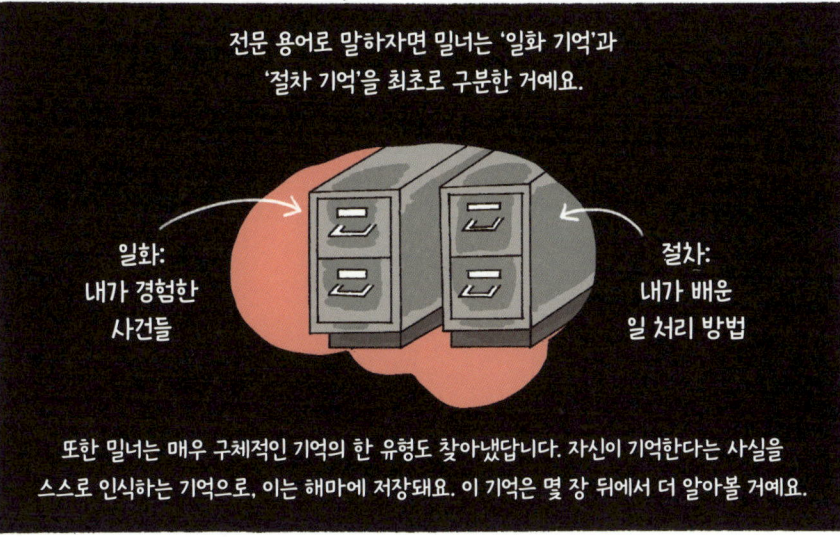
전문 용어로 말하자면 밀너는 '일화 기억'과 '절차 기억'을 최초로 구분한 거예요.

일화: 내가 경험한 사건들

절차: 내가 배운 일 처리 방법

또한 밀너는 매우 구체적인 기억의 한 유형도 찾아냈답니다. 자신이 기억한다는 사실을 스스로 인식하는 기억으로, 이는 해마에 저장돼요. 이 기억은 몇 장 뒤에서 더 알아볼 거예요.

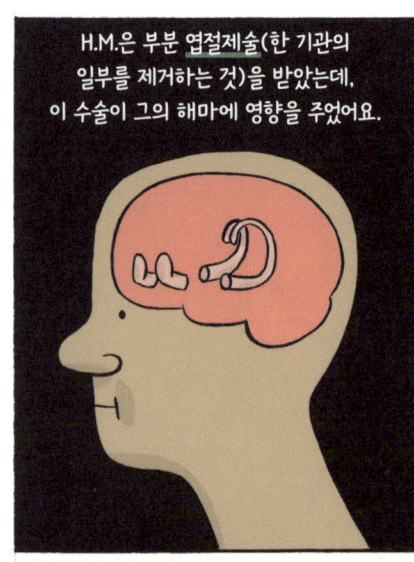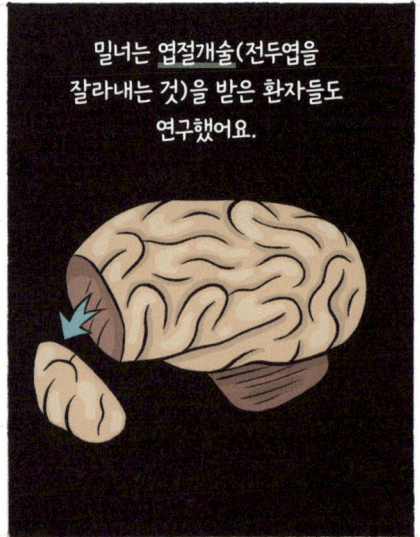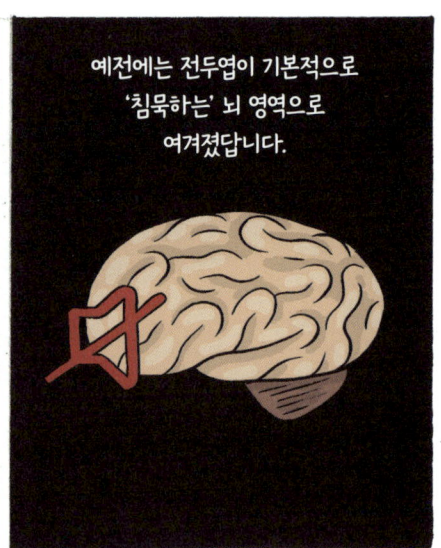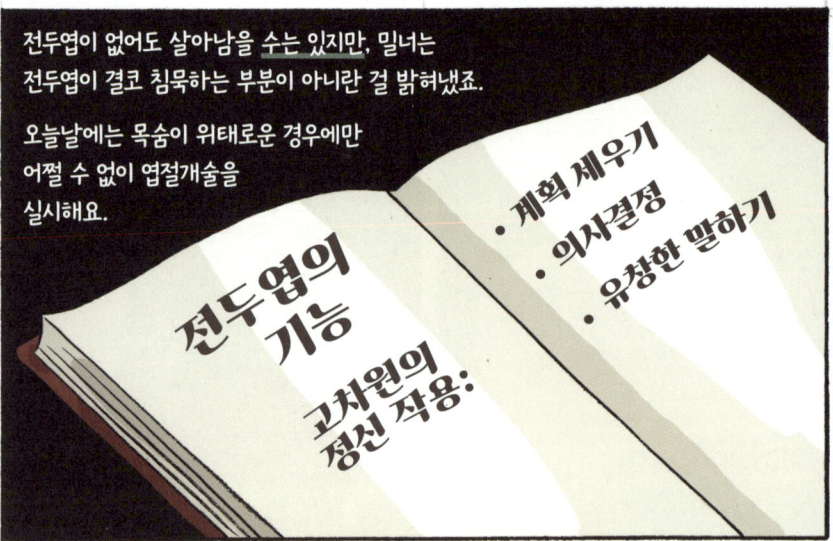

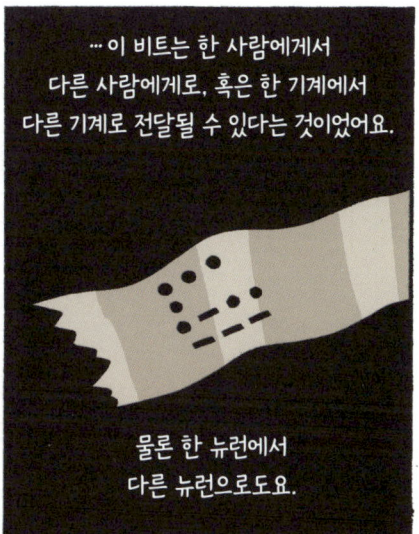
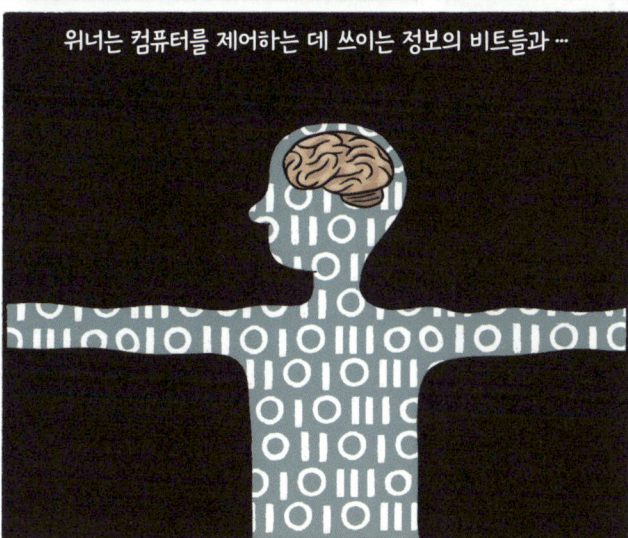
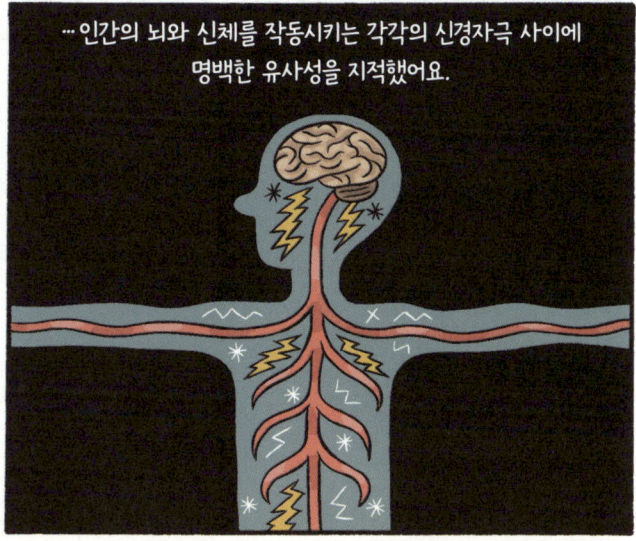
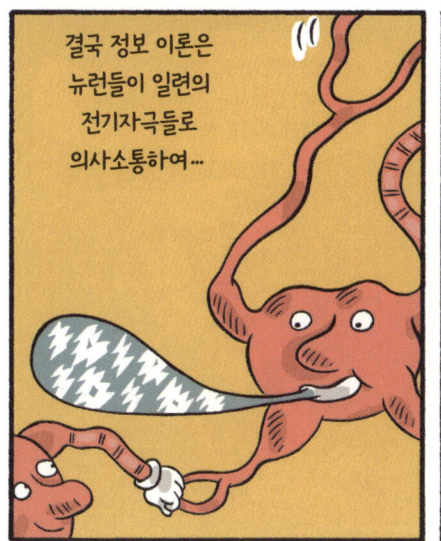

여기에 앨런 튜링(1912~1954)과 존 폰 노이만(1903~1957)이 가세합니다.

이들(과 다른 여러 사람)은 현대 컴퓨터의 기본 구조를 발명했어요.

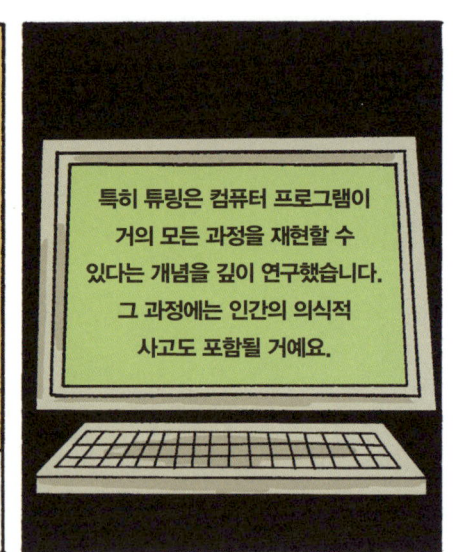

특히 튜링은 컴퓨터 프로그램이 거의 모든 과정을 재현할 수 있다는 개념을 깊이 연구했습니다. 그 과정에는 인간의 의식적 사고도 포함될 거예요.

사람과 대화한다는 착각을 일으키는 컴퓨터 대화 프로그램은 '튜링 테스트'를 통과했다고 표현한답니다.

튜링 테스트 통과 여부는 인간의 대화 스타일을 흉내내는 기계의 능력에 달려 있을 거예요.

어떤 컴퓨터 프로그래머들은 이미 튜링 테스트를 통과한 프로그램을 짰다고 주장합니다.

컴퓨터 프로그램들이 튜링 테스트를 쉽게 통과하고 완전히 반복 재현할 수 있는 결과를 내는 일이 앞으로 10년 안에는 이루어질 것처럼 보입니다.

크리스가 공식적으로 가장 좋아하는 영화(최소한 한 약력에 따르면)인* 〈블레이드 러너〉에는 튜링 테스트를 나타내는 듯한 보이트-캄프 테스트가 등장하지요.

필립 K. 딕의 작품에 자주 등장하는 주제를 가져와 실제 경험과 인공 기억의 혼동에 관한 이야기를 들려줍니다.

뇌 자체에는 그 차이를 판별하는 방법이 존재하지 않는다는 것이 갈수록 더 분명해지고 있답니다.

*물론 실제로 크리스가 가장 좋아하는 영화는 자주 바뀐답니다.
막강한 두 경쟁작은 〈지하철의 소녀〉와 〈이웃집 토토로〉예요.

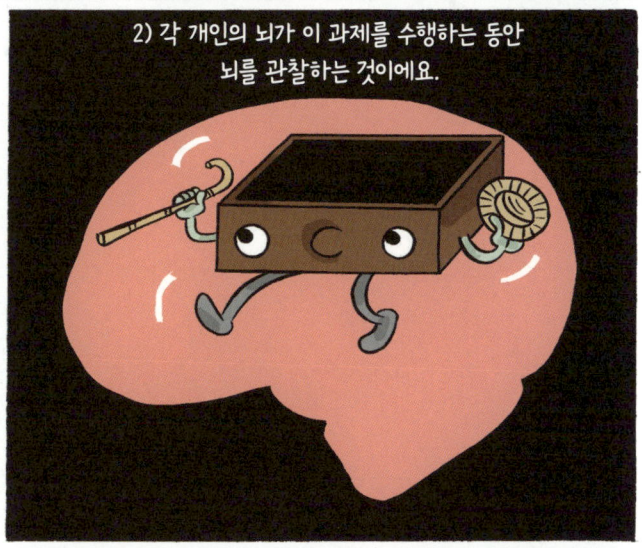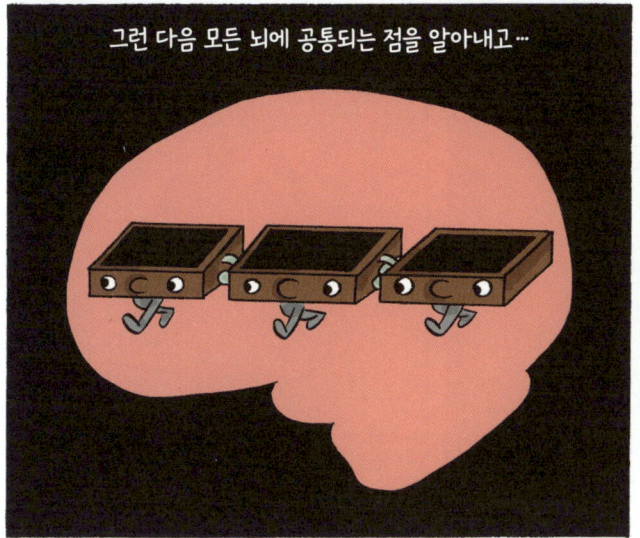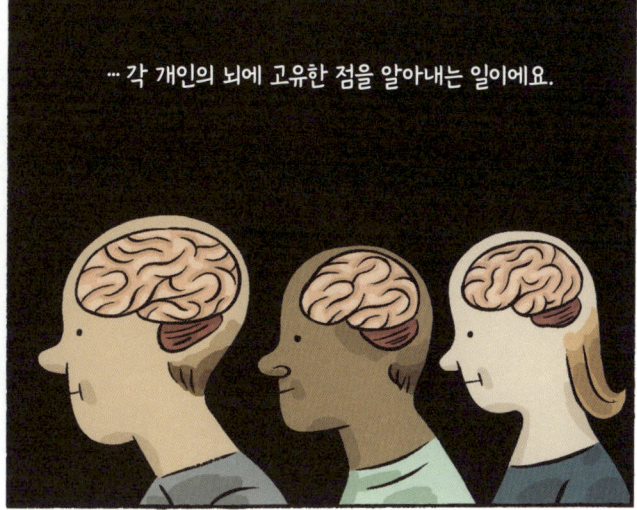

모든 (인간) 뇌에 공통된 것으로 보이는 한 가지 특징은 거울 뉴런이 존재한다는 겁니다. 하지만 거울 뉴런이 우리에게 영향을 미치는 방식에는 어느 정도씩 차이가 있어요.

거울 뉴런들은 다른 사람이 어떤 감각을 느끼고 있다는 걸 우리가 알 때 우리도 그 감각을 함께 느낄 수밖에 없게 만들지요.

우리가 일상의 경험을 통해 알고 있듯이, 다른 사람이 어떤 촉각을 느낄 때 우리가 그 사실을 알 수 있다는 건 놀라운 일이 아니죠.

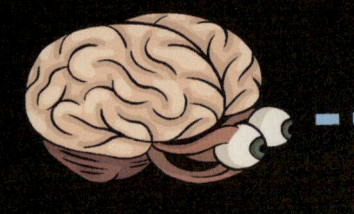

하지만 이 능력이 실제로 우리 뇌에 배선되어 있다는 걸 알게 된 것은 과학과 연구의 쾌거랍니다.

배선되어 있다는 말은, 우리가 원하든 말든 상관없이 그 일이 일어난다는 뜻이에요.

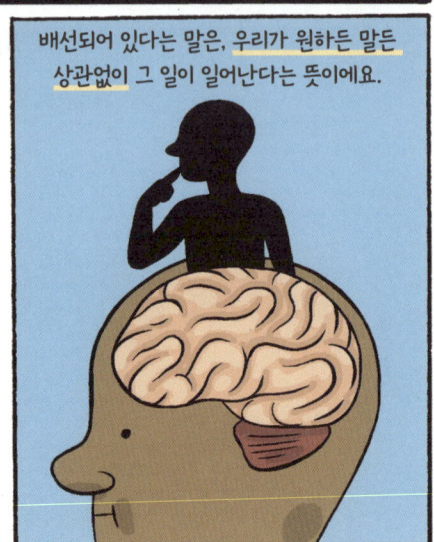

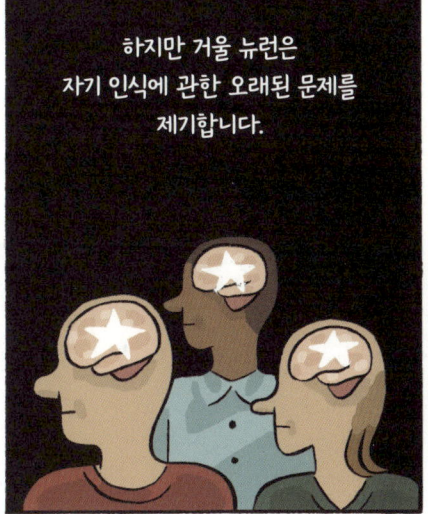

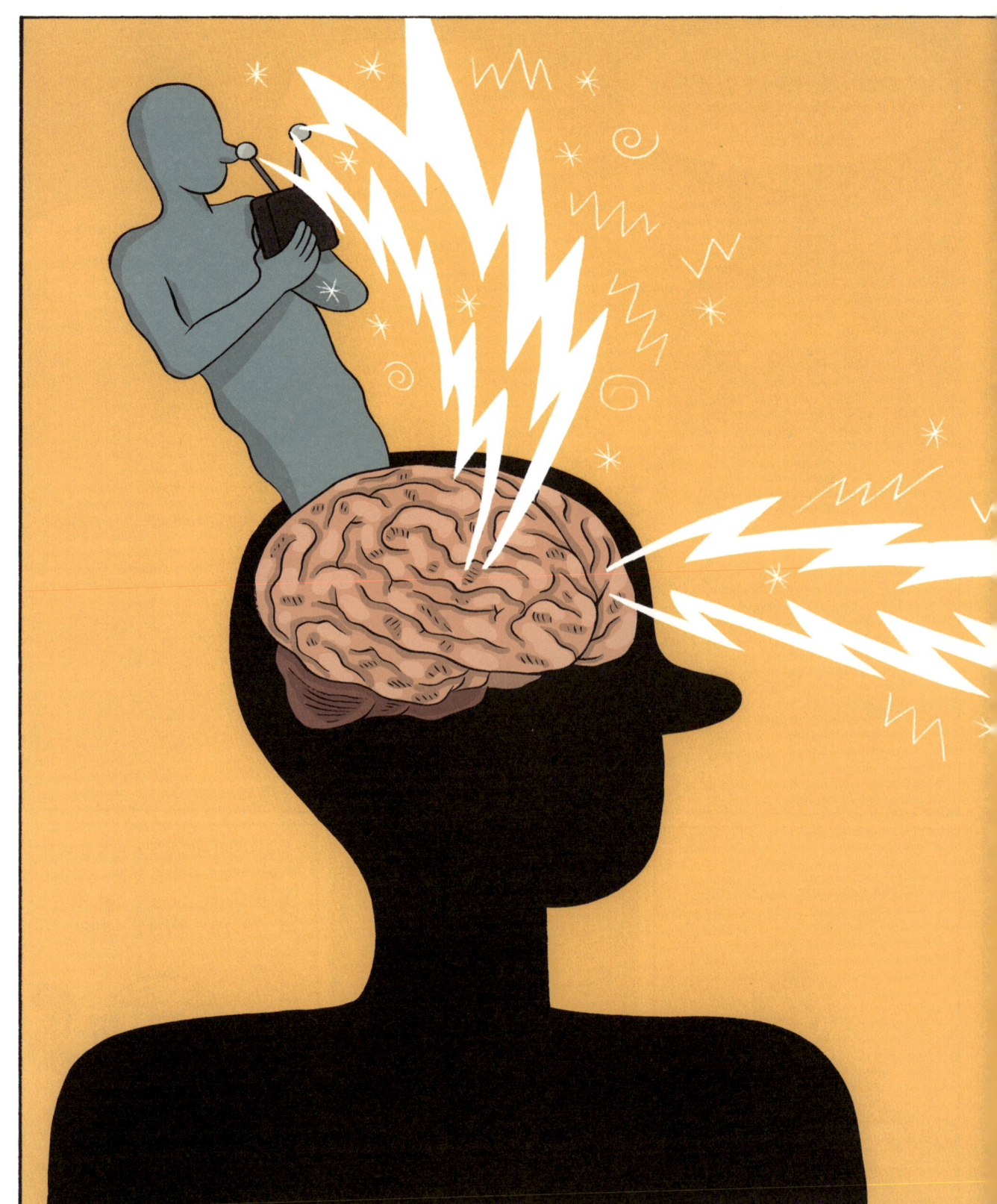

6장
뇌는 어떻게 자신에 관해 알까?

자신의 몸에 대한 우리의 앎은 허술하고, 우리 뇌는 쉽게 혼란에 빠진답니다.

그것이 조현병 증상들의 근원적 뿌리이지요.

그 이야기를 하기 전에 간지럼 태우기로 다시 돌아가볼게요.

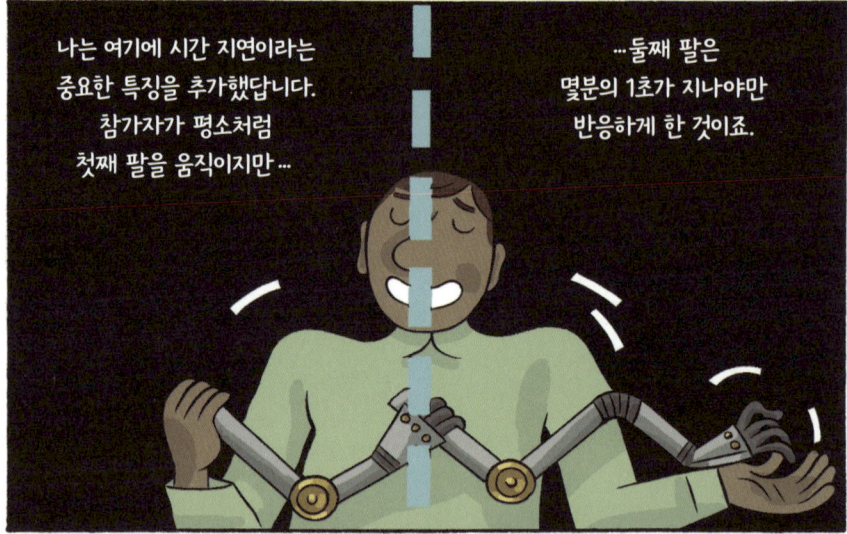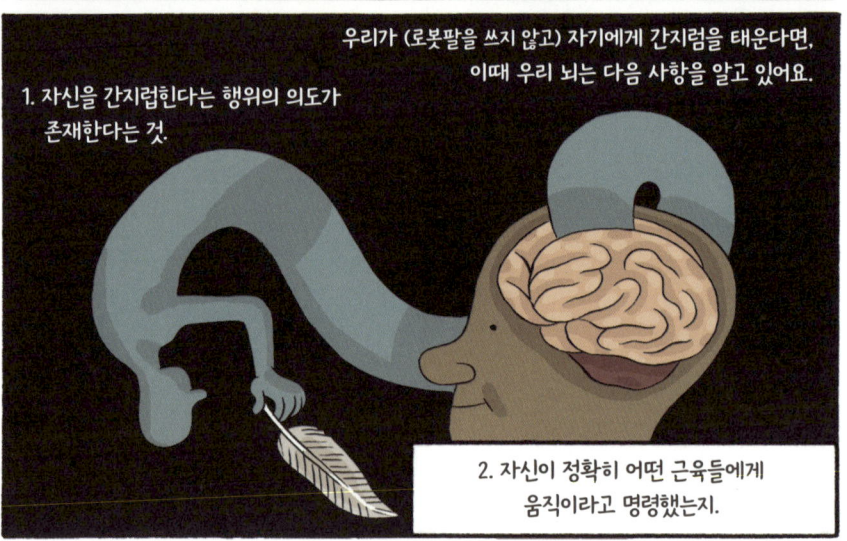

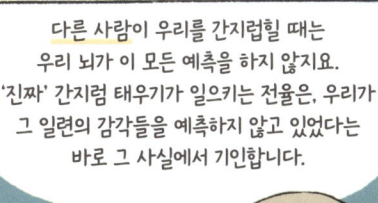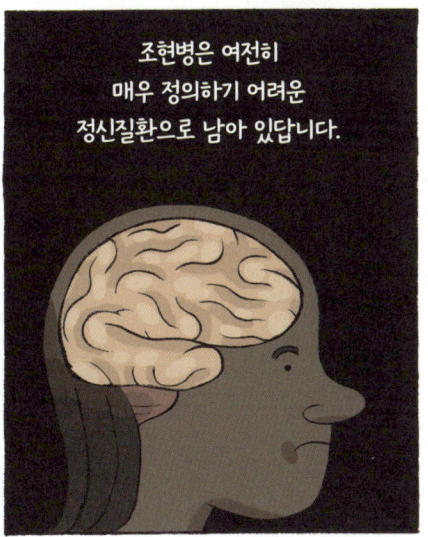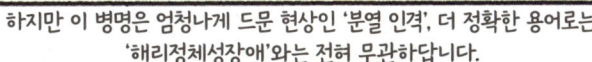

이런 류의 일이 언젠가는 실제로 실현될 수도 있다는 생각에는 그리 큰 상상의 비약이 필요하지 않죠.

하지만 사실이 아닐 가능성이 훨씬 큽니다.

대부분의 조현병 모델은 쥐와 생쥐를 사용해 시험해요. 이들의 뇌와 몸에서는 조현병과 관련된 여러 생리적 변화가 분명히 나타나지만, 쥐들이 정말로 망상을 경험하고 있는지 알아내는 건 불가능하죠. 우리는 인간 문화 외에 다른 곳에도 조현병이 존재하는지조차 알지 못합니다.

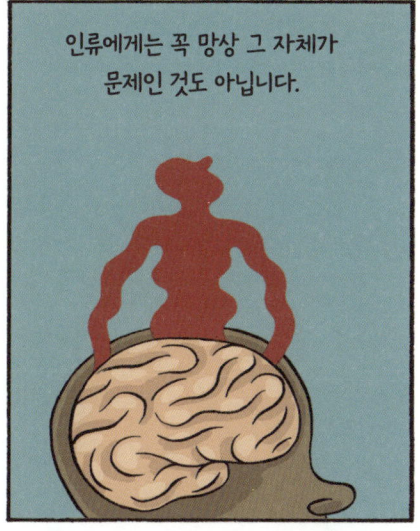

인류에게는 꼭 망상 그 자체가 문제인 것도 아닙니다.

사실상 아주 순한 종류의 망상이나 환각을 경험하는 사람들도 소수 있어요. 이들에게도 일종의 조현병이 있는 것일 수 있지만, 그렇게 진단받지는 않을 거예요.

천사들이 너를 굽어살피고 있단다.

조현병은 불쾌한 망상을 경험하는 대다수에게도 신체적 해를 초래하지는 않는답니다. 하지만 이상한 행동을 하게 만들기는 하지요. 그들이 자기 망상에 따라 행동하기 시작한다면 말입니다.

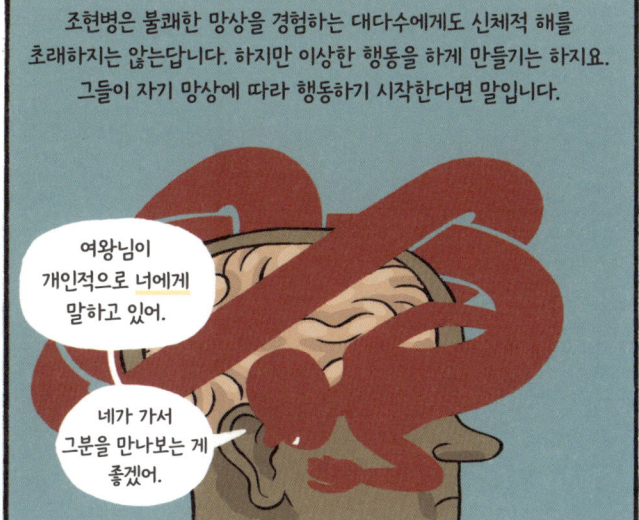

여왕님이 개인적으로 너에게 말하고 있어.

네가 가서 그분을 만나보는 게 좋겠어.

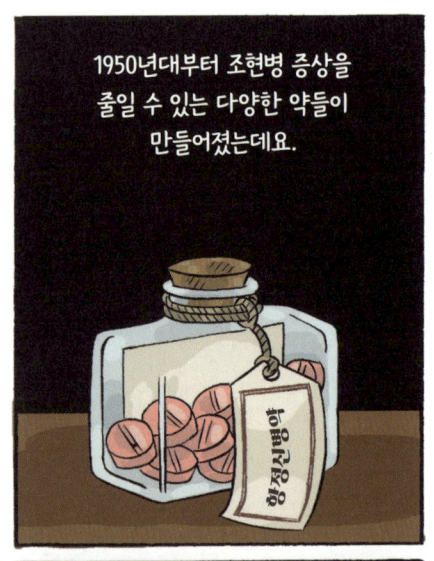

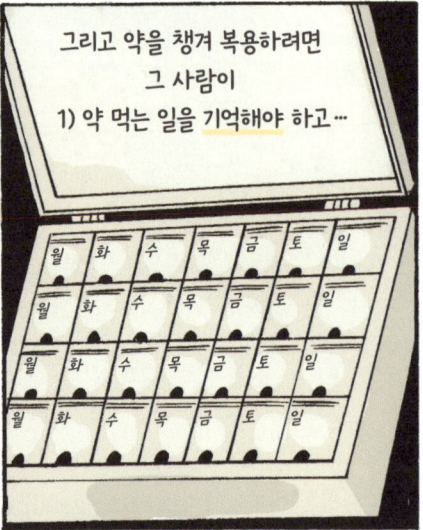

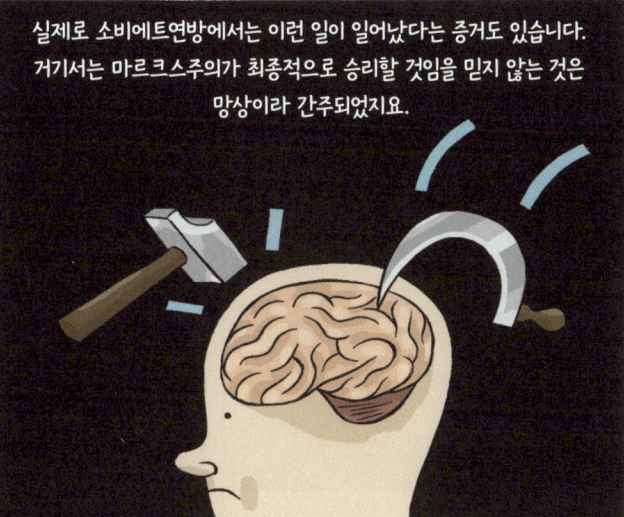

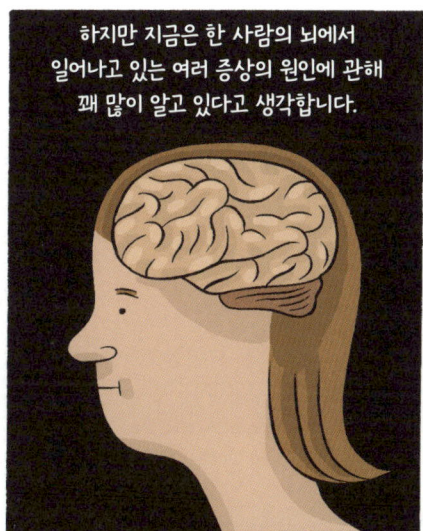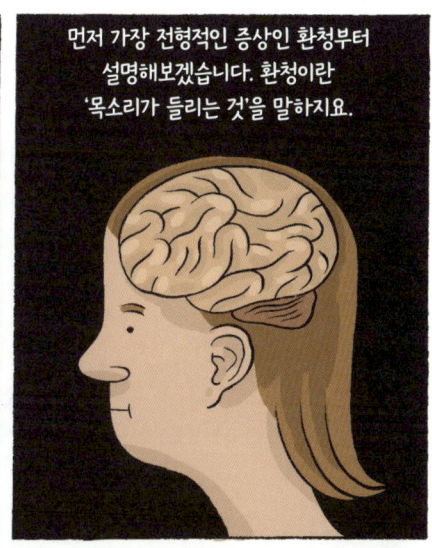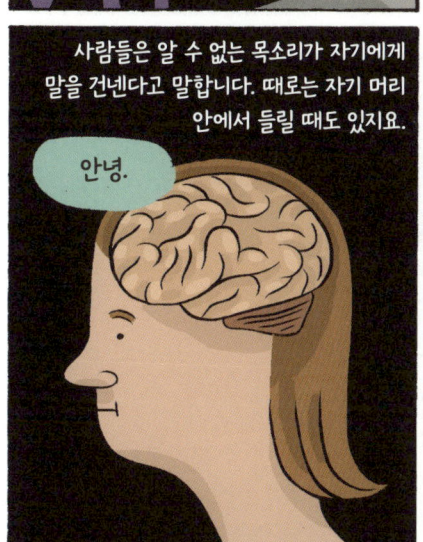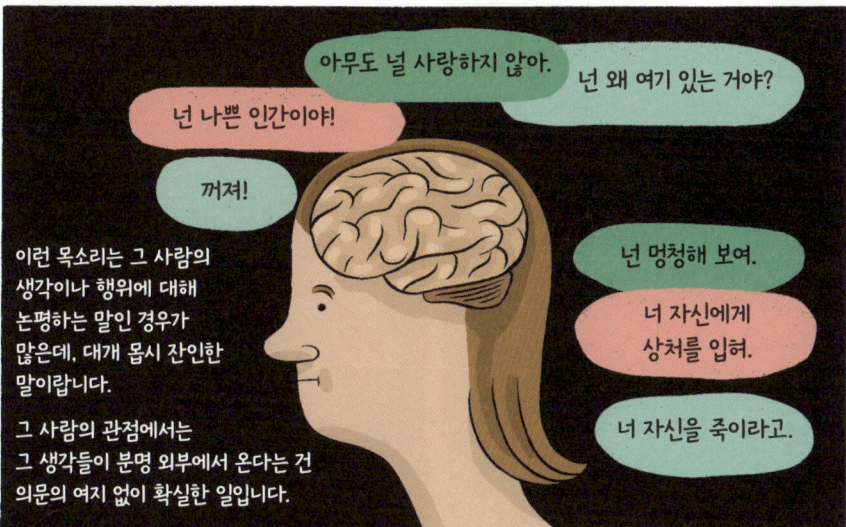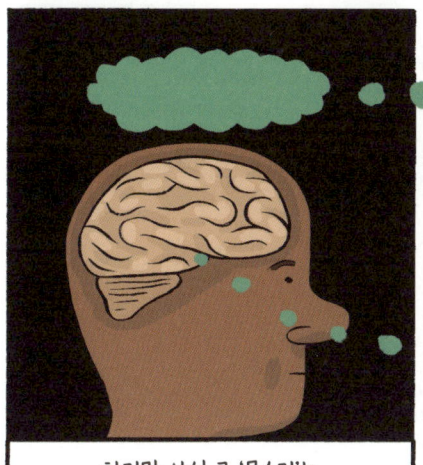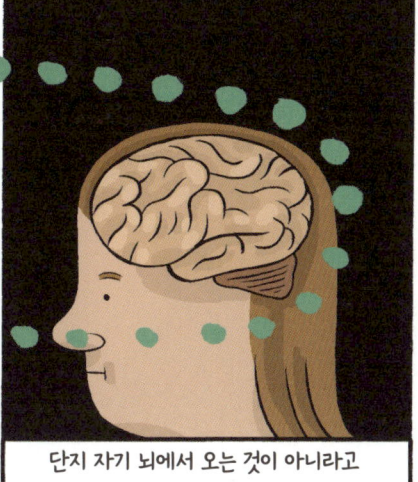

우리가 뭔가를 행하거나 생각할 때마다 우리 뇌에서는 어떤 활동이 일어납니다. 생물학 용어로 말하자면 뉴런들이 활성화되는 것이죠. 각 경로의 다양한 부분들이 서로 다른 기능을 수행해요. 이를 연결들로 이루어진 그물망이 점점 더 커지는 것으로 생각할 수 있어요.

우리는 이 경로들이나 그 기능에 관해 완전히 알지는 못하지만, 뉴런들의 활성화 결과로 일어나는 게 확실한 몇 가지 일을 소개해볼게요.

1. 모종의 행위가 일어납니다. 근육을 움직이거나 어떤 생각을 하거나요.

2. 그 행위가 일어나고 있음을 뇌가 인지합니다.

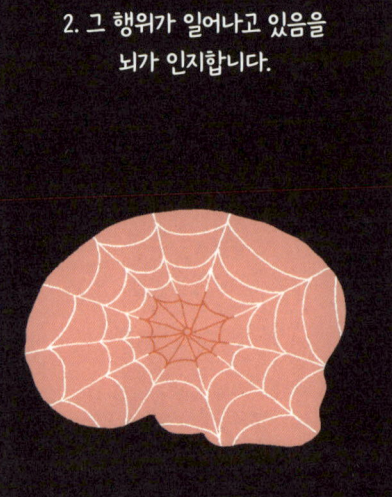

3. 뇌는 그 행위를 했다는 기억을 저장합니다.

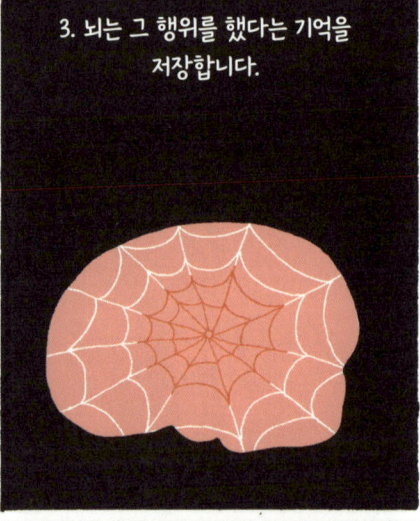

4. 뇌는 그 행위를 하기로 결정했던 기억도 따로 저장합니다.

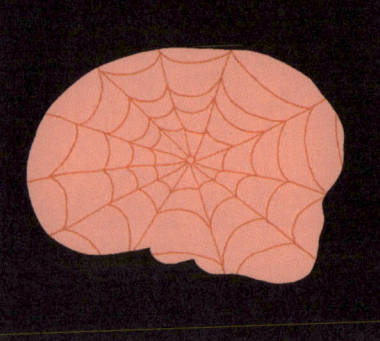

그 이름이 시사하듯이 뇌에서 일어나는 조현병 삽화는 이 네 가지 활동(과 우리가 다 알지 못하는 수많은 다른 활동)이 서로 잘 조율되지 않는 상황을 의미한답니다.

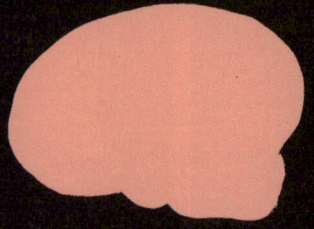

그 그물망의 어딘가에서 연결이 끊어졌기 때문이지요. 아니면 처음부터 그 연결이 형성되지 않았던 것일 수도 있고요.

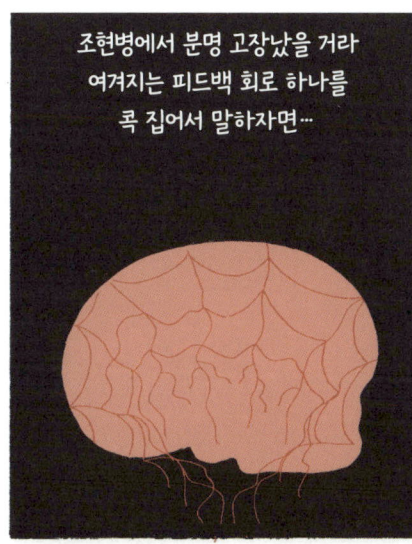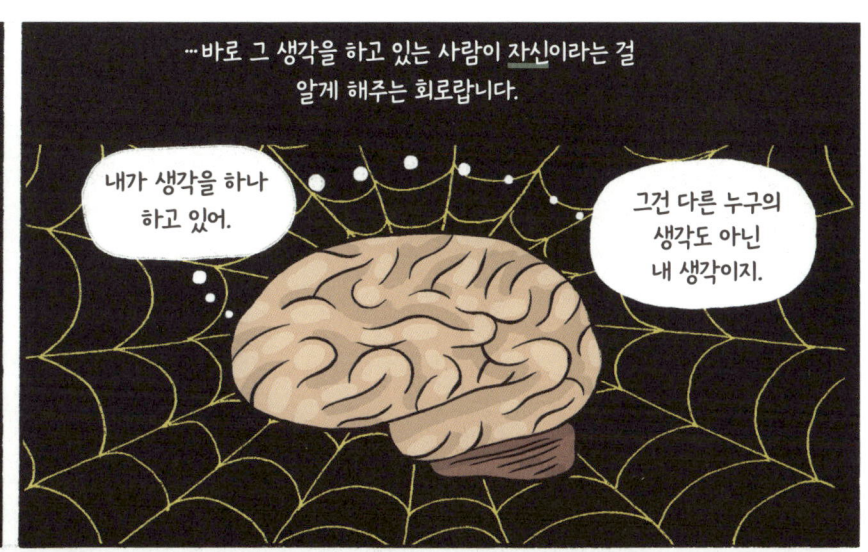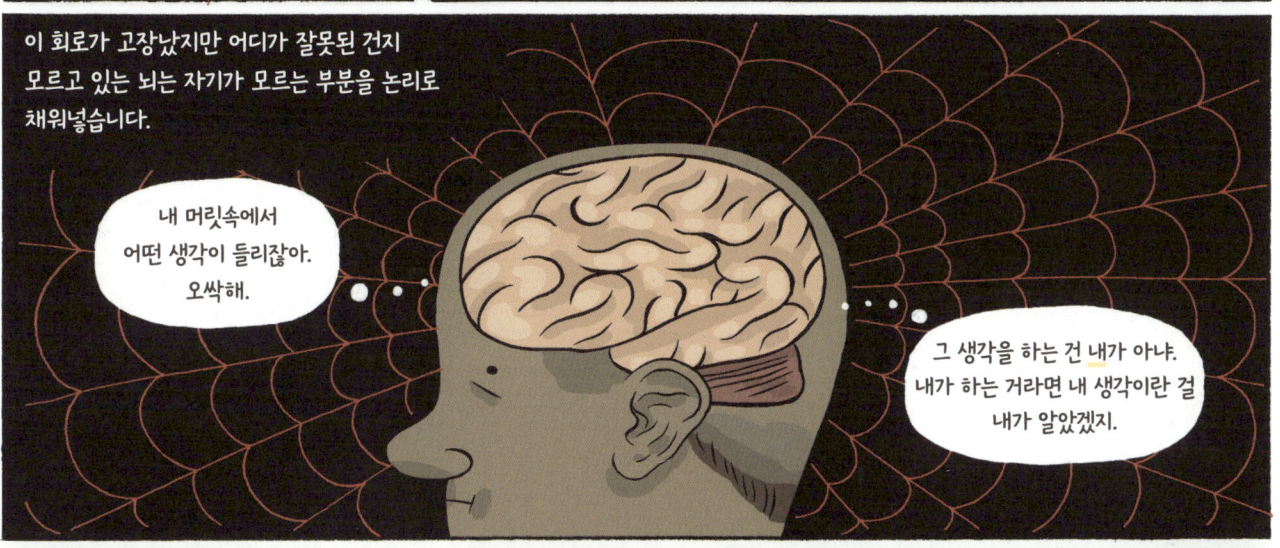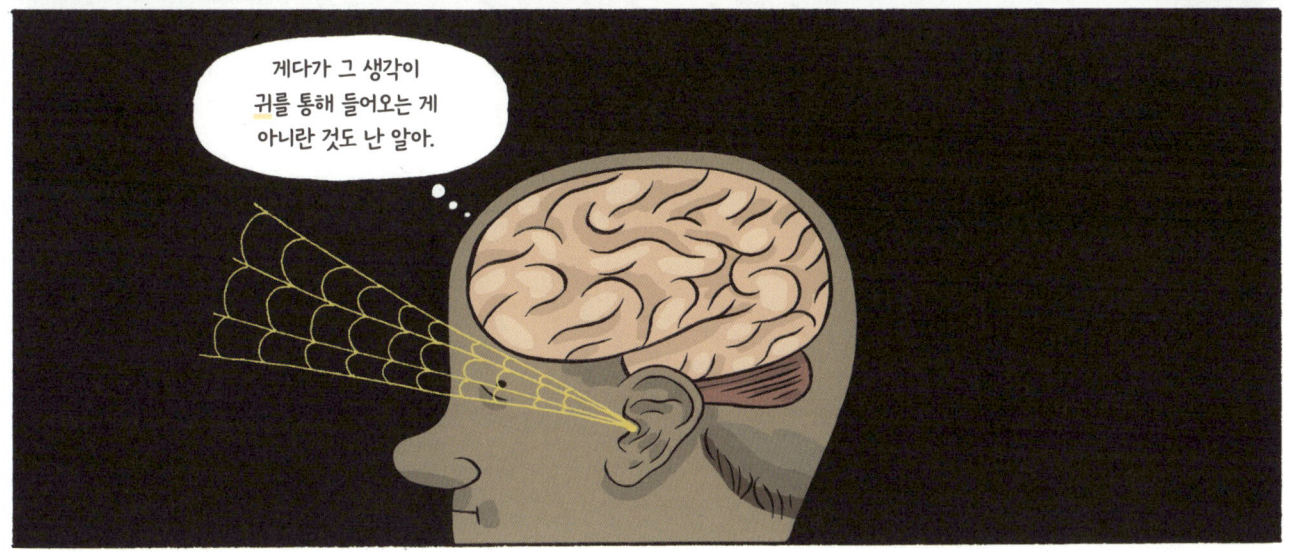

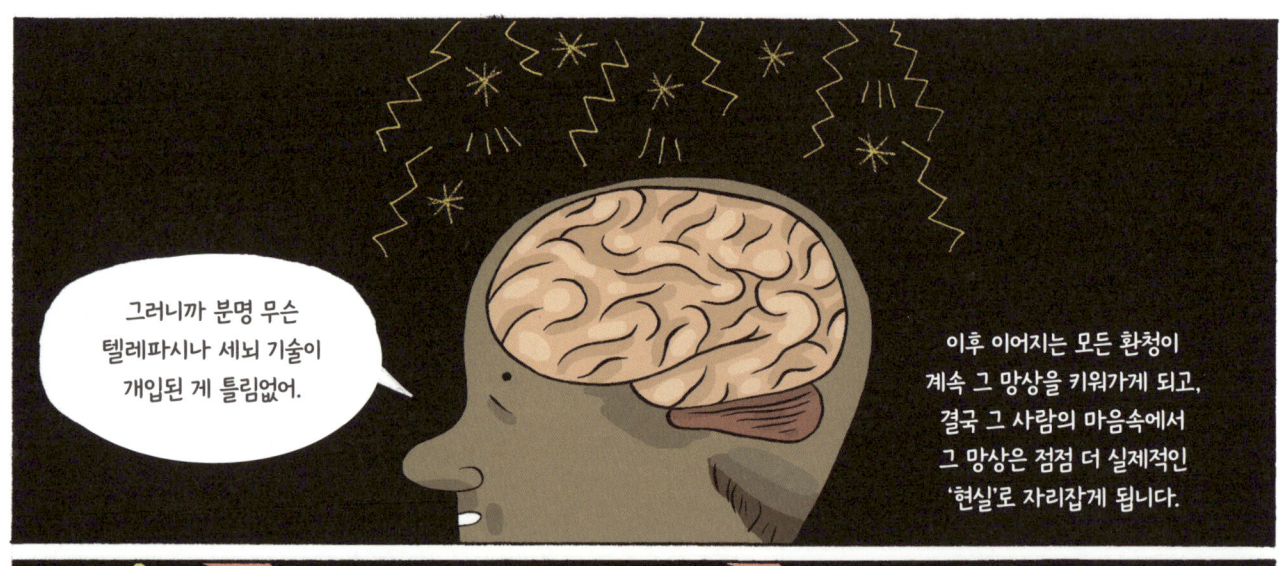

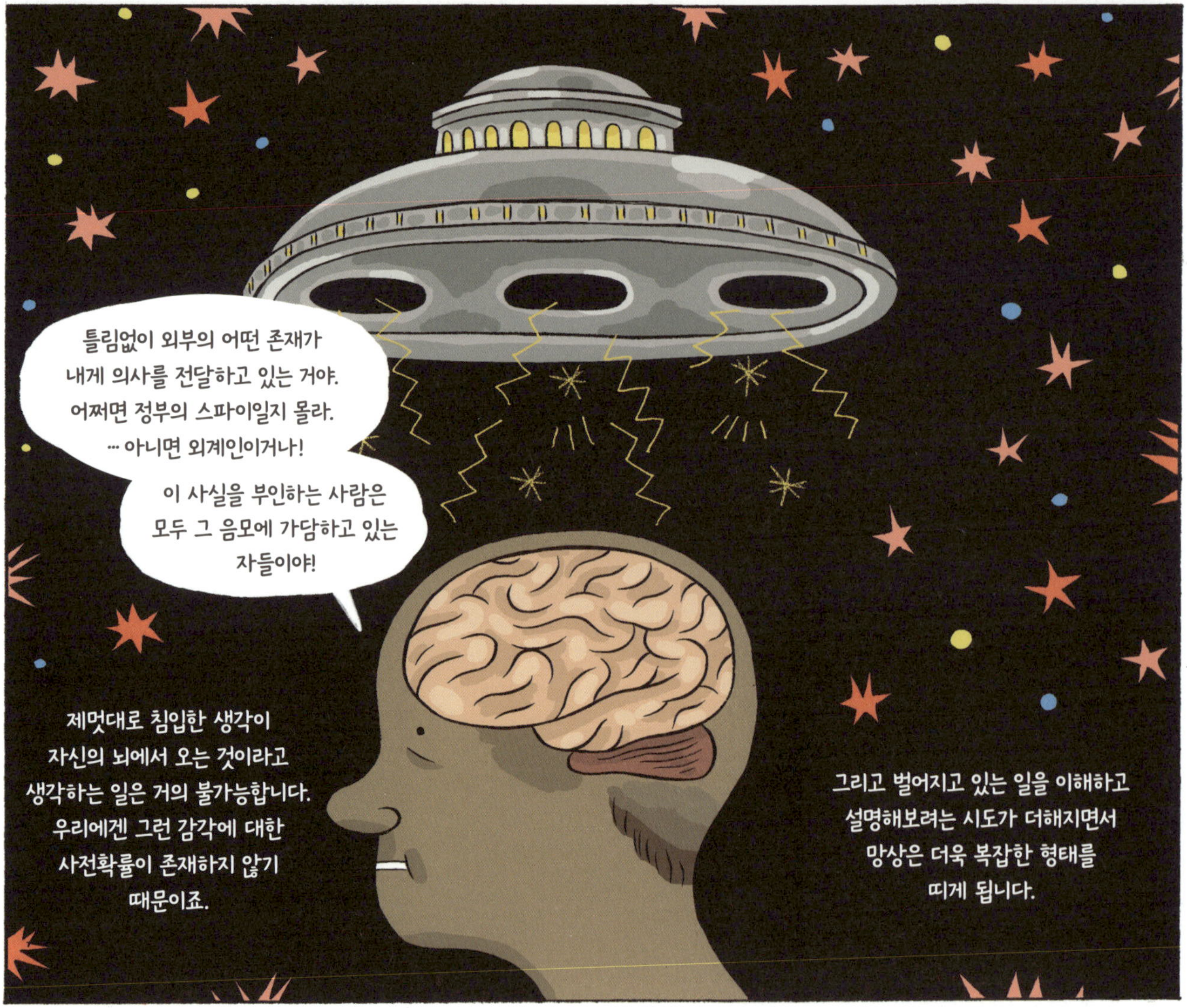

이렇게 생각해보면, 일부 사람들이 어째서 그리도 괴상망측한 망상을 그렇게 강력히 고집하는지 좀 이해가 될 거예요.

그들의 정신은 다른 사람들처럼 이성적으로 작동하고 있지 않습니다. 그들은 다른 사람들의 정신은 전혀 경험해보지 못한 어떤 증거들을 짐처럼 떠안고 있는 거예요.

그리고 조현병을 제대로 알아보는 김에 대중매체가 퍼뜨리는, 칼을 휘두르는 광인이라는 상투적 이미지를 똑바로 한번 검토해봅시다.

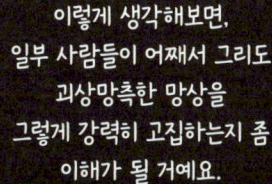

실제로 조현병이 있는 사람들은 다른 사람을 해칠 확률보다, 폭력 범죄든 다른 범죄든 범죄의 <u>피해자가 될</u> 확률이 훨씬 높아요.

문제는 조현병이 있는 이들 중 많은 사람이 괴상한 행동을 하는 경향이 있다는 점입니다. 대중매체의 부추김으로* 그들을 두려워하게 된 다수의 다른 사람들은 어쩌면 당연하게도, 그들을 이해하고 돕기보다는 회피하고 멀리하죠.

치료를 받고서, 혹은 심지어 일부는 치료를 받지 않고도 병세가 나아지는 이들도 있는데, 차도가 없는 사람들도 있답니다. 하지만 망상이 멈추었다고 하더라도 사회적 위축이나 무감각 같은 음성 증상들은 계속될 수 있어요. 앞으로도 해야 할 연구가 아주 많이 남아 있습니다.

*특히 알프레드 히치콕 감독의 걸작 〈사이코〉도 이런 오해를 부추기는 데 큰 몫을 했어요. 공포를 일으키는 일은 잘했을지 모르나 사람들에게 정신증에 대한 잘못된 생각을 심어주고 말았죠.

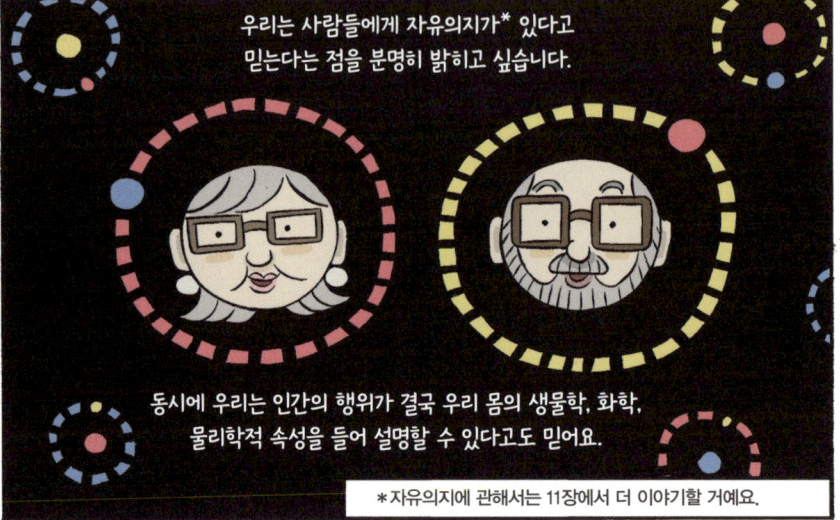

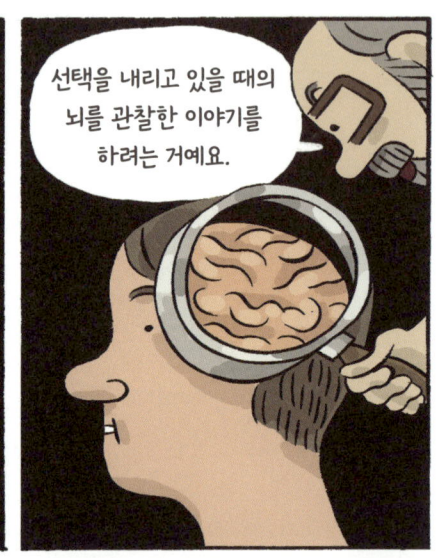

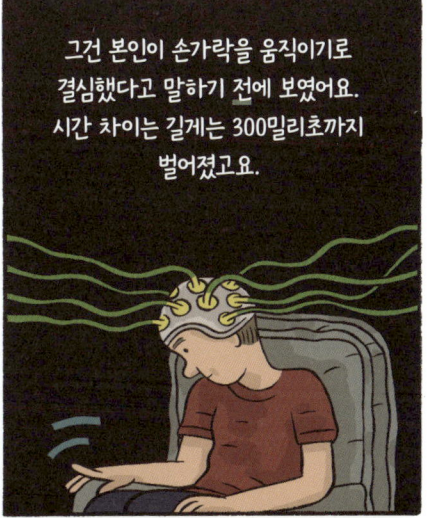

리벳의 발견을 뜯어볼 수 있게 친숙한 선그래프를 가져왔어요.
길고 구불구불한 선으로 표현된 뇌 활동의 스냅샷이라고 할 수 있죠.

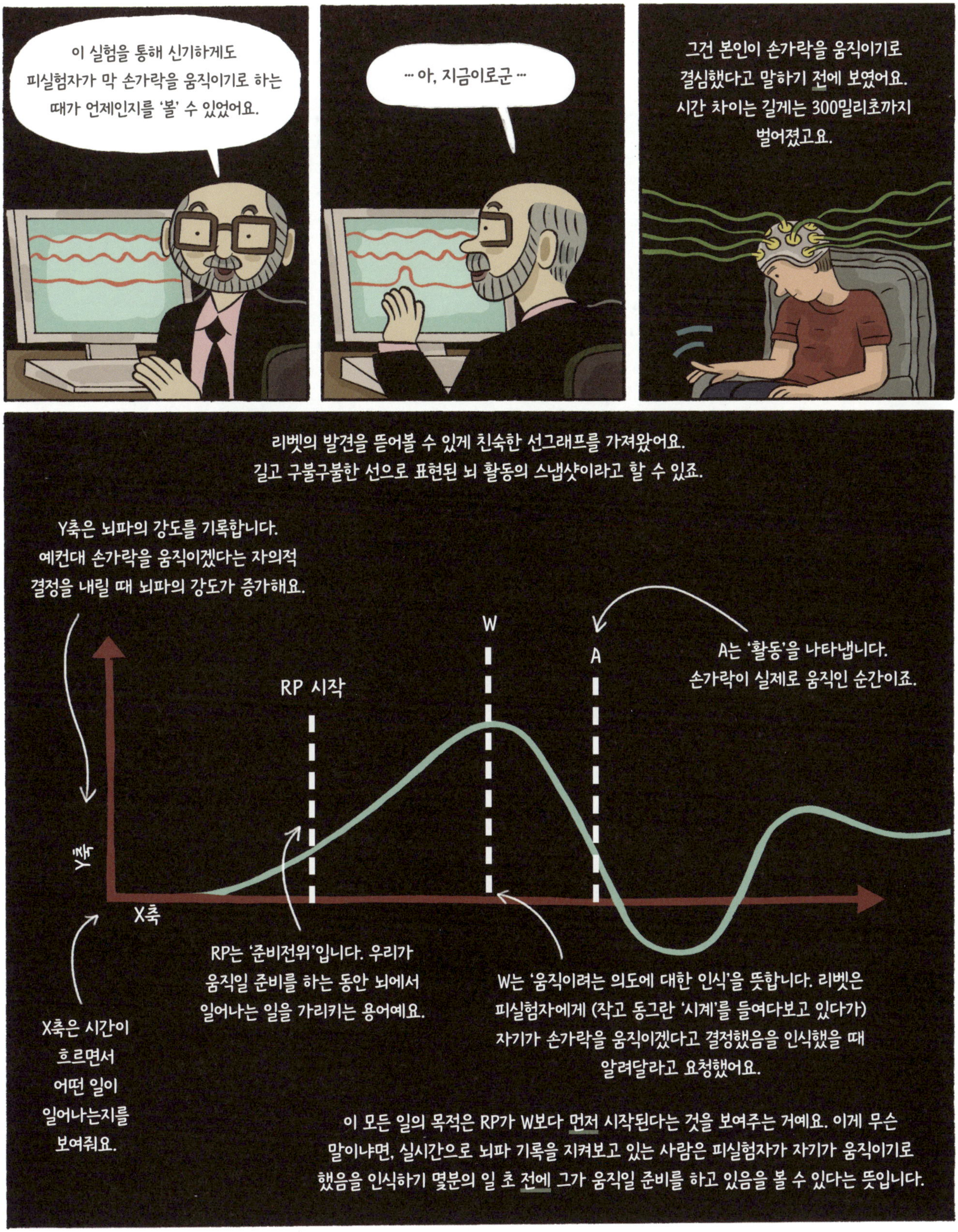

Y축은 뇌파의 강도를 기록합니다.
예컨대 손가락을 움직이겠다는 자의적
결정을 내릴 때 뇌파의 강도가 증가해요.

RP 시작

W

A

A는 '활동'을 나타냅니다.
손가락이 실제로 움직인 순간이죠.

Y축

X축

X축은 시간이
흐르면서
어떤 일이
일어나는지를
보여줘요.

RP는 '준비전위'입니다. 우리가
움직일 준비를 하는 동안 뇌에서
일어나는 일을 가리키는 용어예요.

W는 '움직이려는 의도에 대한 인식'을 뜻합니다. 리벳은
피실험자에게 (작고 동그란 '시계'를 들여다보고 있다가)
자기가 손가락을 움직이겠다고 결정했음을 인식했을 때
알려달라고 요청했어요.

이 모든 일의 목적은 RP가 W보다 먼저 시작된다는 것을 보여주는 거예요. 이게 무슨
말이냐면, 실시간으로 뇌파 기록을 지켜보고 있는 사람은 피실험자가 자기가 움직이기로
했음을 인식하기 몇분의 일 초 전에 그가 움직일 준비를 하고 있음을 볼 수 있다는 뜻입니다.

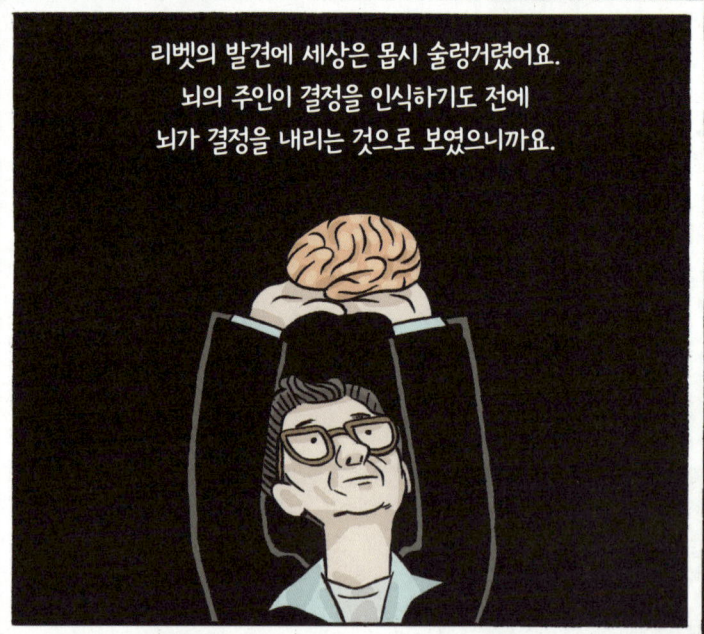

리벳의 발견에 세상은 몹시 술렁거렸어요.
뇌의 주인이 결정을 인식하기도 전에
뇌가 결정을 내리는 것으로 보였으니까요.

즉각 리벳을 포함해 일부 사람들은 이게 사실은 사람에게 자유의지가 없다는 의미일까 하고 의문을 품었어요.

우리 뇌가 우리 '자신'보다 먼저 결정을 내리는 거라면, 우리가 어떻게 자유롭게 선택한다고 할 수 있지?

리벳은 자유의지가 환상이라고 믿지는 않았어요. 오히려 그는 뇌가 한 결정을 우리 자신이 무시하고 번복할 수 있다는 가설을 세웠죠.

그는 이 능력을 '하지 않겠다는 자유의지'라고 불렀어요.

하지만 그런 능력에 대한 증거는 존재하지 않는답니다.

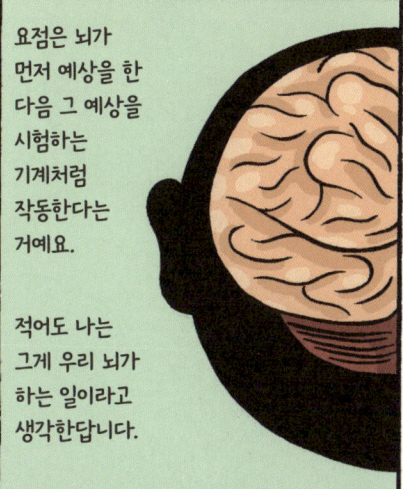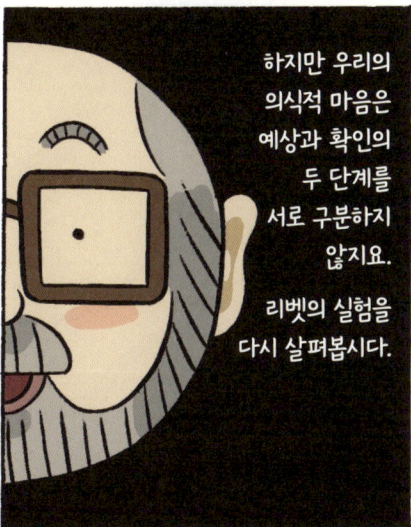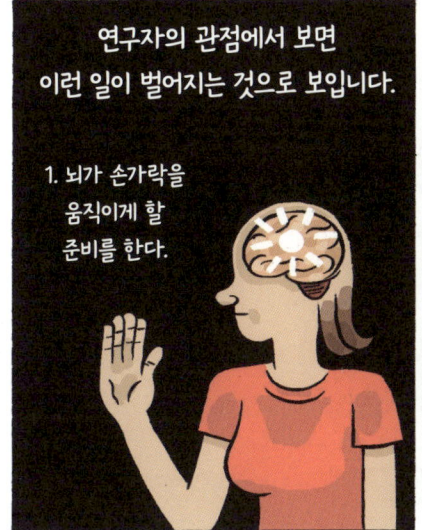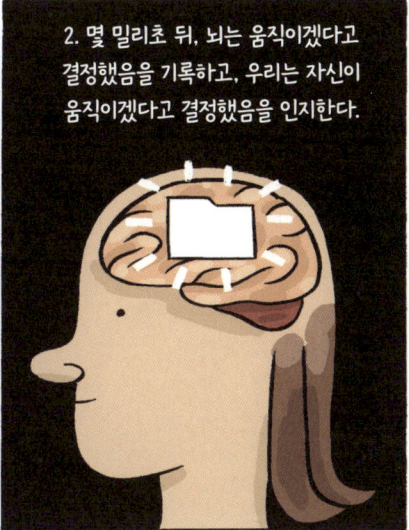

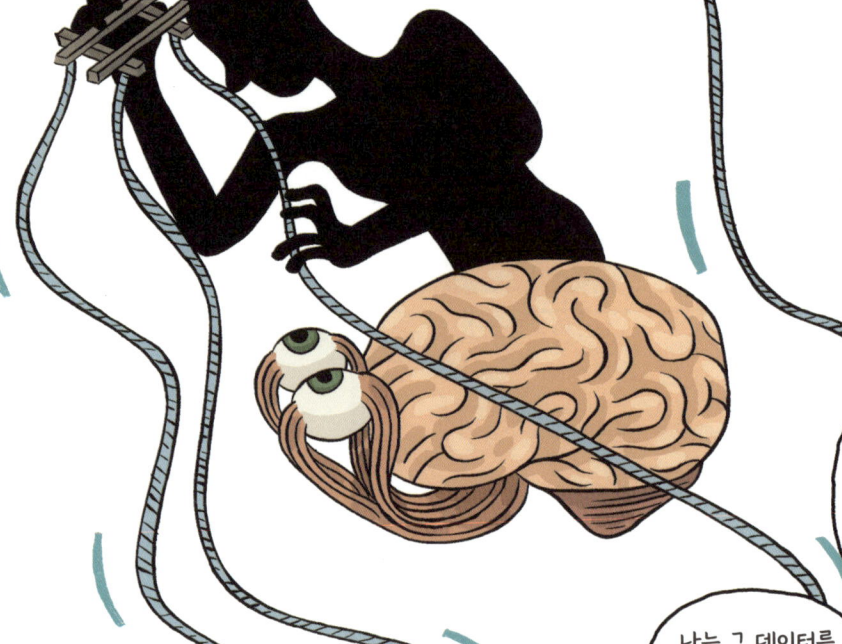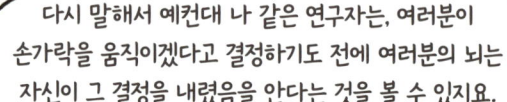

막간 만화

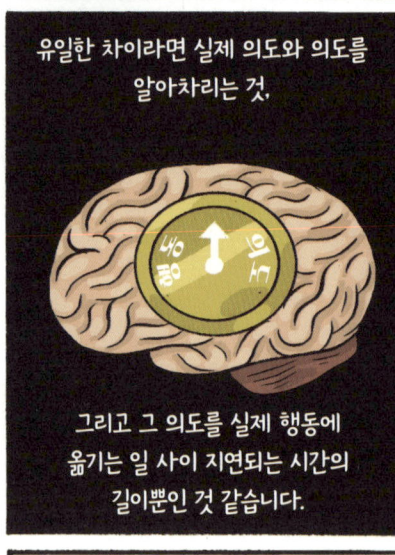
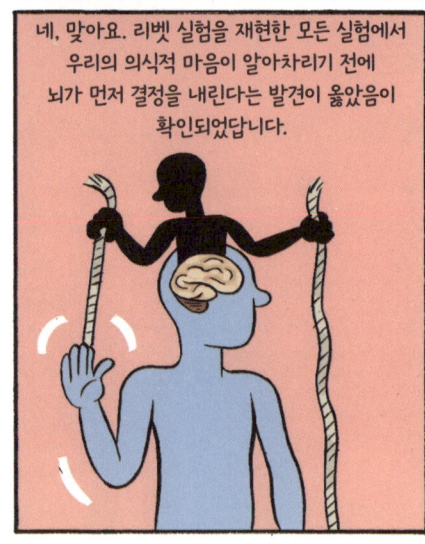

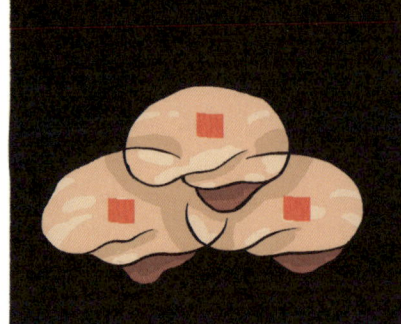

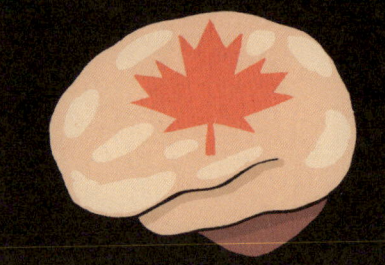

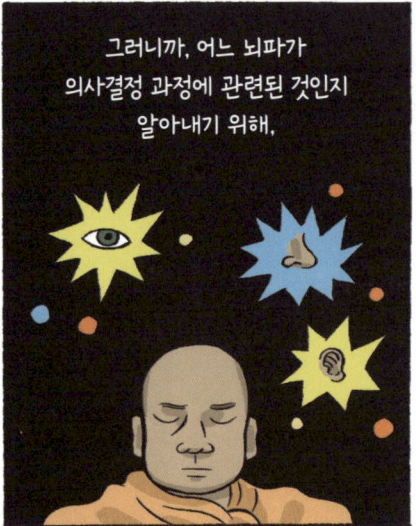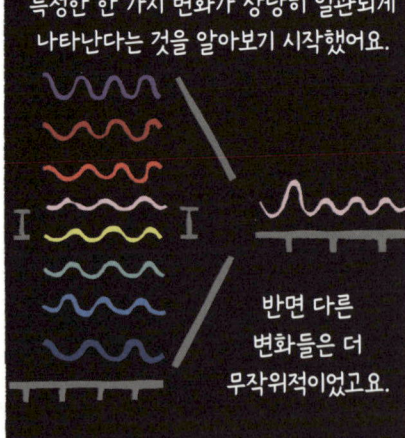

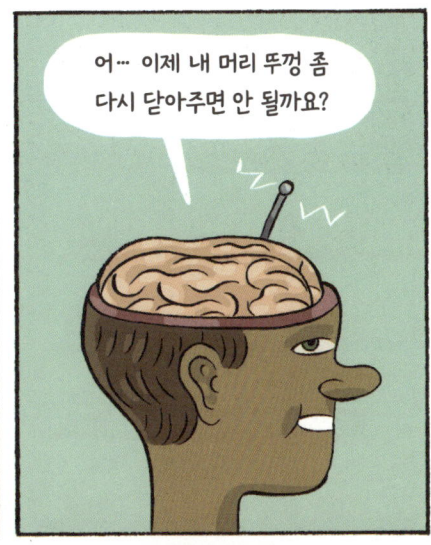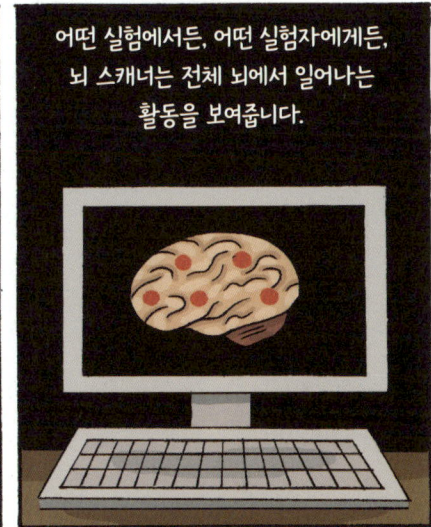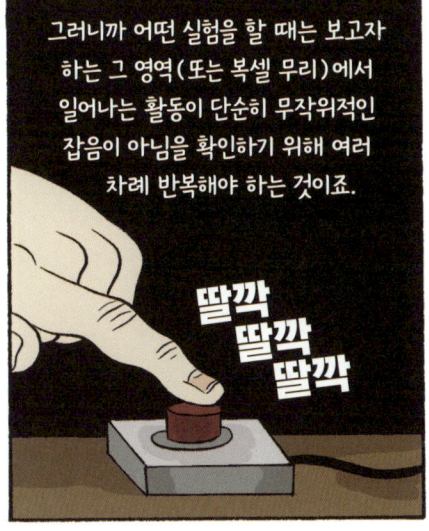

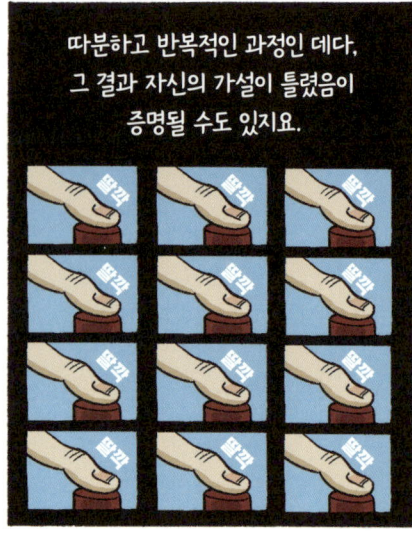
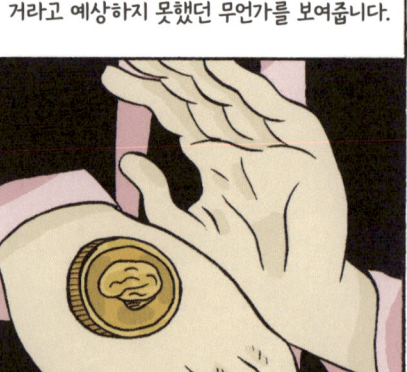

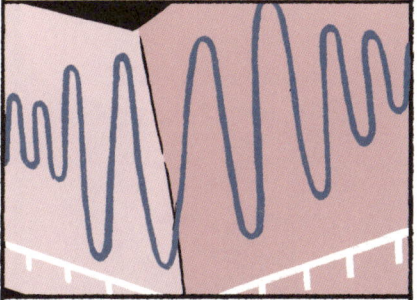

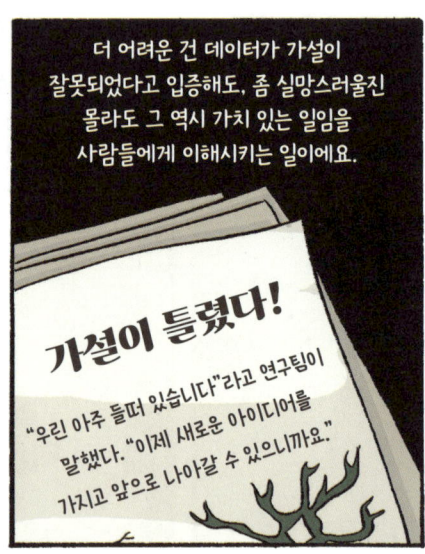

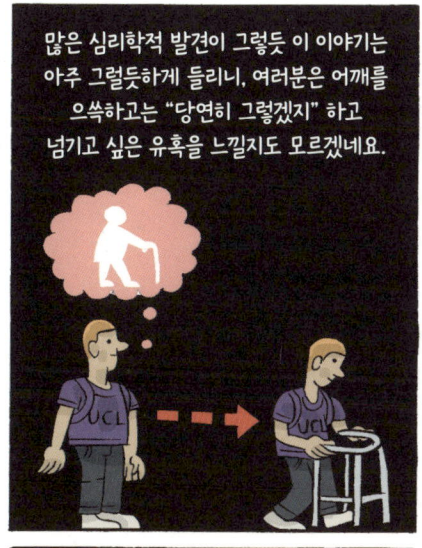

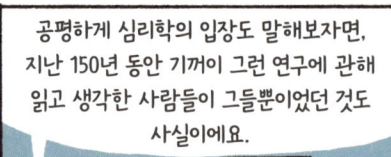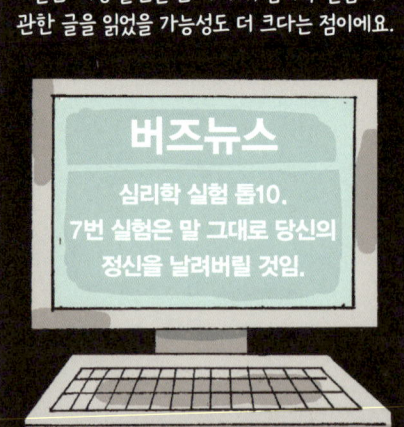

원칙상 피실험자들은 실험자가 그 실험으로 알아내려 하는 게 무엇인지 알아서는 안 됩니다. 그러면 결과에 영향을 미칠 테니까요.

하지만 예전 실험, 그것도 아주 유명한 실험을 재현하고 있다면 피실험자로 자원하는 부류의 사람들은 그 실험에 관해 이미 잘 알고 있을 가능성이 크지요. 그리고 이럴 때는 빠르거나 느리게 걷도록 사람들을 프라이밍한 이야기와 같은 문제에 봉착하게 됩니다.

고등학교 때도 이거 했는데, 아웅 지겨워.

*1973년부터 2010년까지 방송한 영국의 시트콤으로 세계에서 가장 오래 방영된 시트콤입니다. – 옮긴이

여름 와인*

상관관계는 인과관계가 아니다!

당신이* 전에도 들어봤을 말이 하나 있어요.

*대중과학서를 절반이나 읽은 학구적이고 똑똑한 사람.

이 얘기를 꺼낸 건 그 둘을 혼동하는 것이 끊임없이 걸림돌이 되기 때문이에요. 특히 조현병이나 자폐 같은 장애의 원인을 연구할 때 더욱 그렇죠.

상관관계는 있지만 명백한 인과관계가 있다고 생각하기는 거의 불가능한 예를 하나 들어볼게요.

커피를 마시면 흥분되고 불안해지죠.

며칠에 걸쳐, 네 그룹에게 각각 특정 음료를 줍니다.

그룹 1: 실제 커피를 주고 그것이 커피라고 말해줘요.

그룹 2: 디카페인 커피를 주고 진짜 커피라고 말해줘요.

그룹 3: 진짜 커피를 주고 디카페인 커피라고 말합니다.

그룹 4: 디카페인 커피를 주고 디카페인 커피라고 말합니다.

무작위 할당은 결과가 참가자들의 불안도 차이로 인한 것이 아니도록 확실히 해두기 위함입니다. 이론상 이 실험은 커피가 사람들을 불안하게 만드는 것인지, 그리고/아니면 자기가 커피를 마신다고 믿는 것이 불안하게 만드는 것인지 증명할 거예요.

*일화 증거에 의존하는 과학이 염려되어 잠 못 들 수는 있지만요.

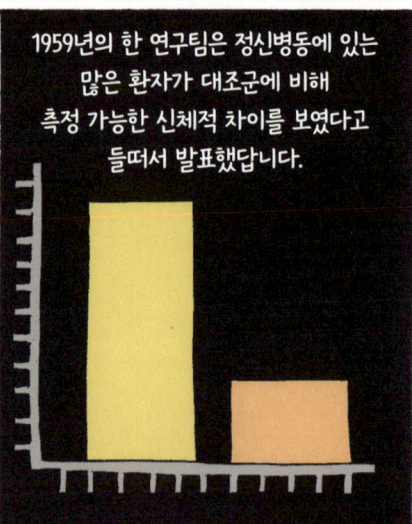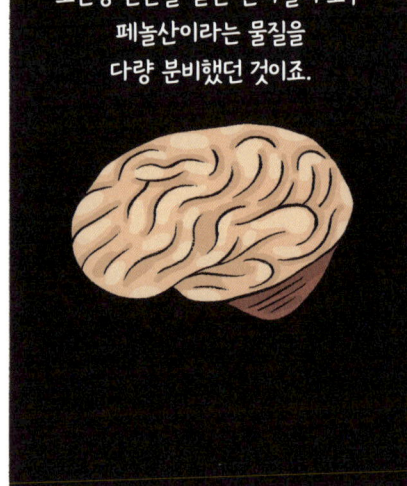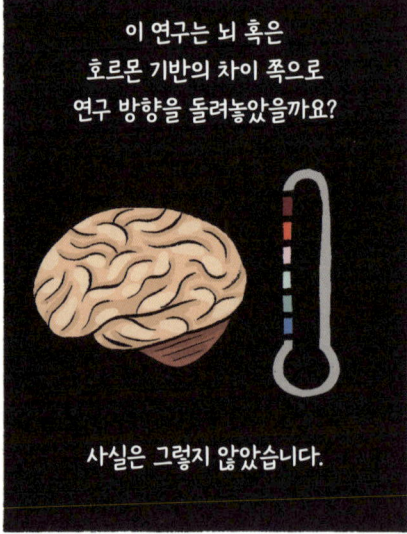

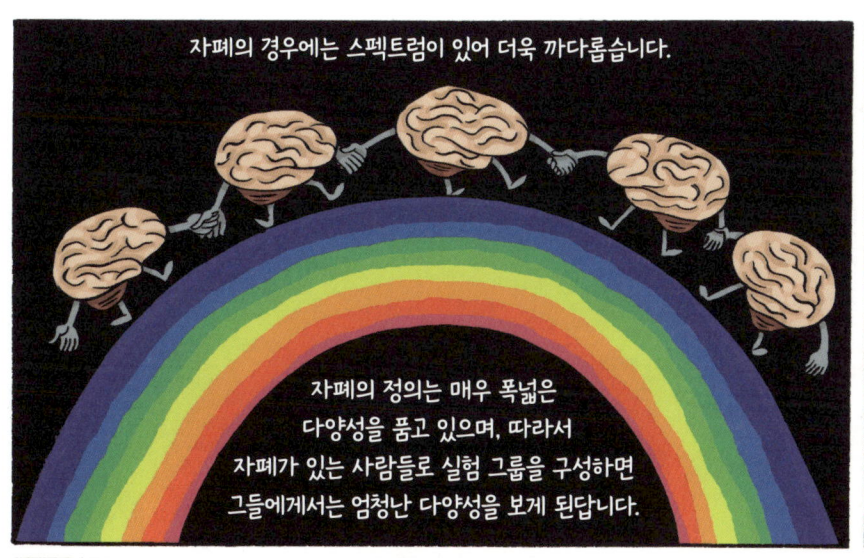

7장

생각하고, 또 생각하고

막간 전에 우리는 뇌의 피드백 회로에 관해 이야기하고 있었지요. 내가 제시한 의견은 이랬습니다. 우리가 무엇을 하겠다고 결정한다, 그런 다음 그 일을 한다, 그러면 우리 뇌가 우리가 그 일을 하겠다고 결정했음을 기록함으로써 그 회로를 닫는다.

만약 이것이 사람의 뇌에서 실제 일어나는 일이 맞다면, 동물의 뇌에서도 그럴 가능성이 있겠죠.

하지만 혹시 그렇게 하고 있다는 걸 아는 동물이 우리뿐이라면요?

인간은 메타인지라는 것에 깊이 파고드는 유일한 동물이 아닐까 짐작하는 심리학자가 많답니다.

메타인지란 '생각에 관한 생각'을 뜻하는 과학 용어예요.

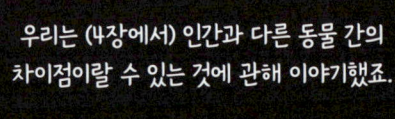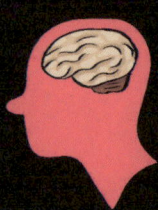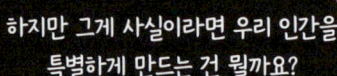

우리는 (4장에서) 인간과 다른 동물 간의 차이점이랄 수 있는 것에 관해 이야기했죠.

우리는 인간이 할 수 있는 거의 모든 일에 대해 동물도 그걸 할 수 있는 예를 알고 있어요.

하지만 그게 사실이라면 우리 인간을 특별하게 만드는 건 뭘까요?

다른 모든 생물을 뛰어넘는 능력을 인간에게 주는 건 분명 뇌라고 우리는 생각해요.

어쩌면 그 차이를 밝혀내려는 건… 인간이 동물들에게 하는 다양한 일들을 정당화할 수 있었으면 하는 필사적인 바람인지도 몰라요.

우리는 동물들을 애완용으로 기르죠.

재주를 부리도록 동물을 훈련하고요.

또 큰 게 하나 있죠. 우리는 결국 우리 인간을 이롭게 하려는 의도로 동물을 대상으로 실험을 합니다.

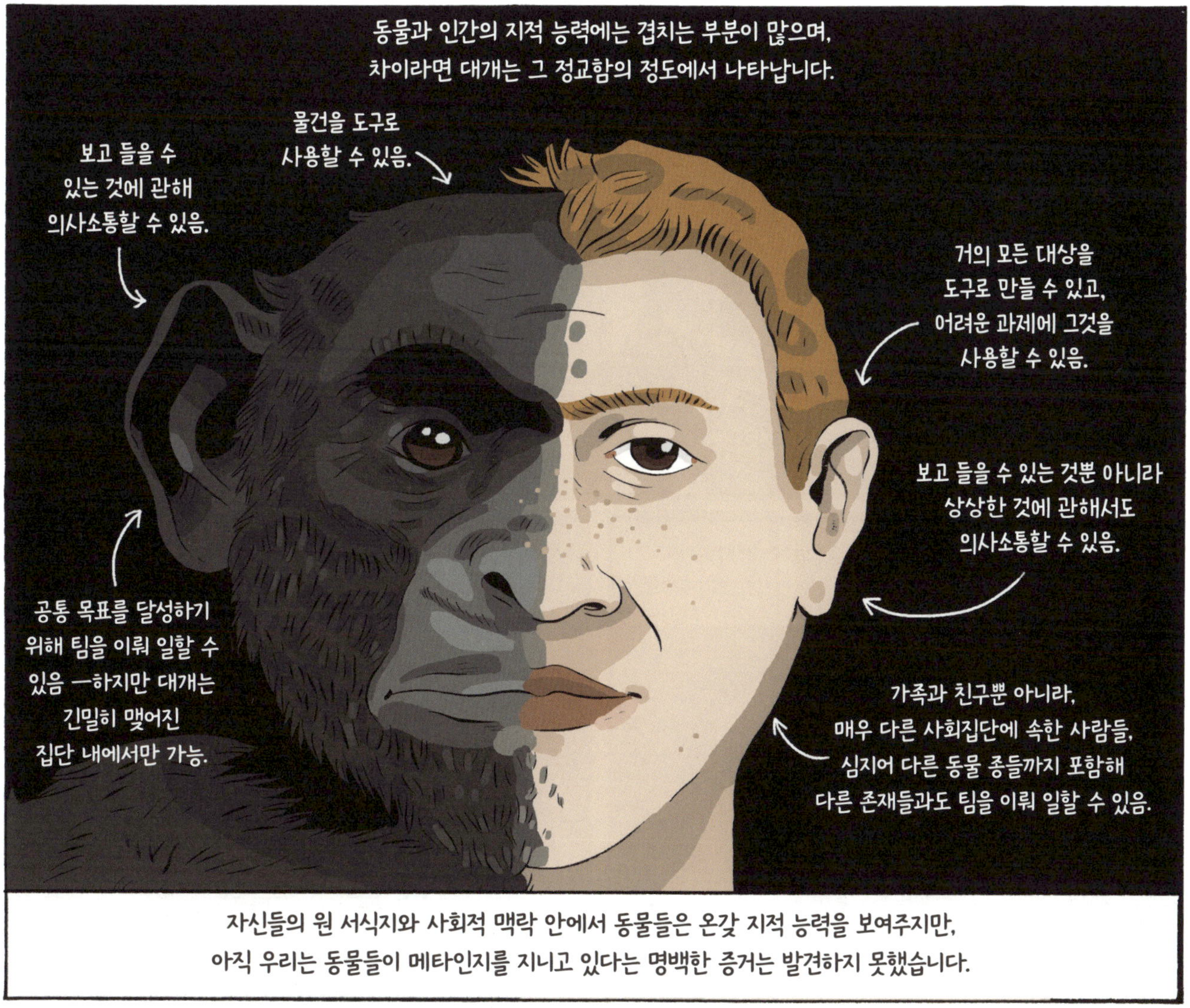

동물과 인간의 지적 능력에는 겹치는 부분이 많으며, 차이라면 대개는 그 정교함의 정도에서 나타납니다.

보고 들을 수 있는 것에 관해 의사소통할 수 있음.

물건을 도구로 사용할 수 있음.

거의 모든 대상을 도구로 만들 수 있고, 어려운 과제에 그것을 사용할 수 있음.

보고 들을 수 있는 것뿐 아니라 상상한 것에 관해서도 의사소통할 수 있음.

공통 목표를 달성하기 위해 팀을 이뤄 일할 수 있음 — 하지만 대개는 긴밀히 맺어진 집단 내에서만 가능.

가족과 친구뿐 아니라, 매우 다른 사회집단에 속한 사람들, 심지어 다른 동물 종들까지 포함해 다른 존재들과도 팀을 이뤄 일할 수 있음.

자신들의 원 서식지와 사회적 맥락 안에서 동물들은 온갖 지적 능력을 보여주지만, 아직 우리는 동물들이 메타인지를 지니고 있다는 명백한 증거는 발견하지 못했습니다.

우리가 이미 살펴본 메타인지의 한 예는 '외현적 마음 이론'이에요. 다른 사람들이 무슨 생각을 하고 있을지에 관해 생각할 수 있는 능력이지요.*

체스 같은 게임을 할 때 자주 사용하는 능력이에요.

*자폐장애에서 사회적 커뮤니케이션 문제를 초래하는 것인지도 모르는 '암묵적' 마음 이론과 헷갈리지 마세요. 4장을 보세요.

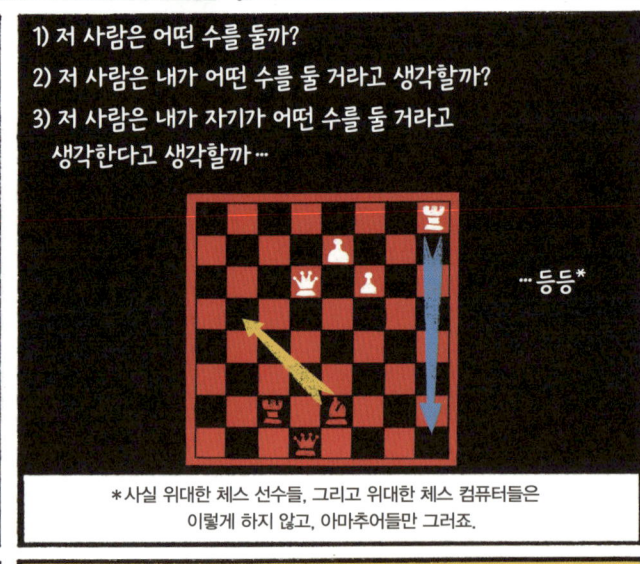

예를 들어볼게요. 반쯤만 기억나는 꿈을 묘사한다고 해보죠. 그런데 꿈을 묘사하다보면 상세한 여러 내용이 다시 떠오르잖아요.

어젯밤 꿈에 개 한 마리가 나왔는데요,

저먼 셰퍼드로

내가 얼마 전에 실제로 본 개였고

그 주인은 빨간 재킷을 입고 있었는데,

그 옷을 본 나는 크리스마스 식물로

인기 있는 포인세티아가 떠올랐고요,

다시 보니 그 주인은 또 무릎까지 오고,

옆선으로 지퍼를 올리는 부츠를 신고 있었는데,

아무튼 그 개가 나를 계속 쫓아오는 게 아니겠어요.

이 문장은 뒤죽박죽이지만 문법에는 어긋나지 않아요. 이건 새로운 절을 반복적으로 붙여서 이어가도 괜찮다는 걸 알기 때문에 가능한 일이에요. 이게 문법적인 재귀랍니다.

인간만이 재귀를 의도적으로 사용할 수 있다고 말하는 사람들도 있고, 그러면 새들의 노래는 어떠냐고 의문을 제기하는 이들도 있어요.

새소리 듣기 훈련이 안 된 귀에는 새들의 노래 대부분이 어떤 소절을 반복하는 것처럼 들리지만, 재귀란 단순히 뭔가를 반복하는 것보다는 더 정교한 것이에요.

특히 찌르레기는 서로의 노래를 인지하여, 내가 꿈 이야기를 할 때 절들을 연결했던 것과 같은 방식으로 그 노래를 이어 부른답니다.

나는 찌르레기들이 자기가 하는 생각에 관해 생각하고 있지는 않을 거라 생각하지만, 찌르레기가 사용하는 이런 정신적 능력이 모든 동물에게 다 있는 것은 아닌 게 분명해요.

케인스 밑에서 공부한 경제학자들은 'P-미인대회'라는 변형된 게임을 개발했습니다. 이건 객관적 평가가 매우 어려운 미모에 관한 것이 아니라, 숫자에 관한 거예요.

게임 참가자들은 얼굴을 쳐다보는 대신 1~100 사이의 숫자 하나를 선택해야 합니다. (100으로 해야 계산이 쉬워요.)

선택된 모든 수의 평균의 절반에 가장 가까운 숫자를 선택한 사람이 승자가 되는 거예요.

무슨 말인지 잘 모르겠다면, 원래 그런 게 정상이에요. 이건 이기는 건 둘째로 치고 플레이하기도 쉽지 않은 게임이거든요.

왜 그런지 알아봅시다. 100이 선택할 수 있는 가장 큰 수라면, 그 수의 절반이 50이라는 건 거의 모두가 알지요. 그러니 아무도 50 이상의 숫자를 고르지 않겠죠.

그런 다음에는 대부분은 재귀적 사고를 해서 그 숫자의 절반을, 그러니까 25를 선택해야 한다고 판단합니다.

그중 일부는 재귀적 사고를 한 단계 더 해서 12나 13을 선택합니다.

대부분의 사람이 25를 선택한다면, 나는 그 수의 절반을 선택해야지.

만약 당신이 이 게임을 하게 될 일이 있다면, 12를 고르는 게 승자가 될 확률이 가장 높습니다.*

재귀적 사고를 하는 것이 지적 능력을 보여주는 표시임은 알았지만, (이런 종류의 시험에 따르면) 대부분의 사람이 재귀적 사고를 2.5단계만 적용한다는 사실을 알게 된 건 유용한 정보로군요.

*혹은 경제학자들이 가득한 강당에서 이 게임을 한다면 6을 고르세요.

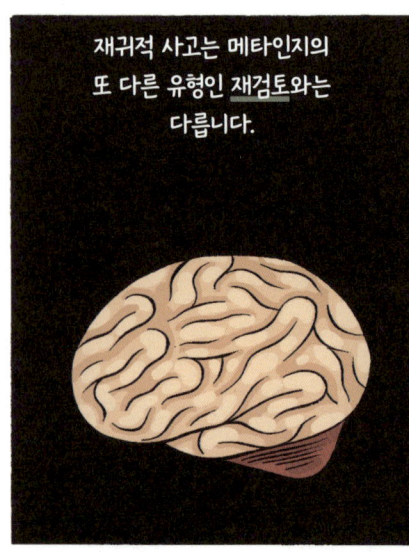
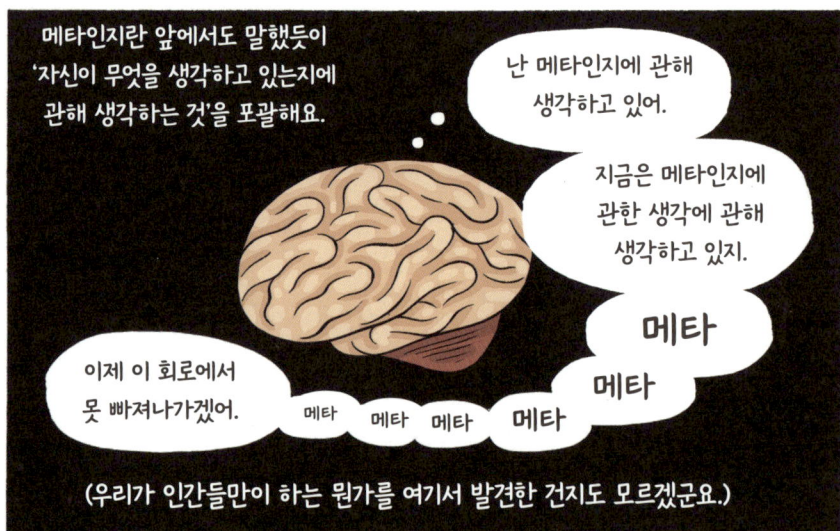

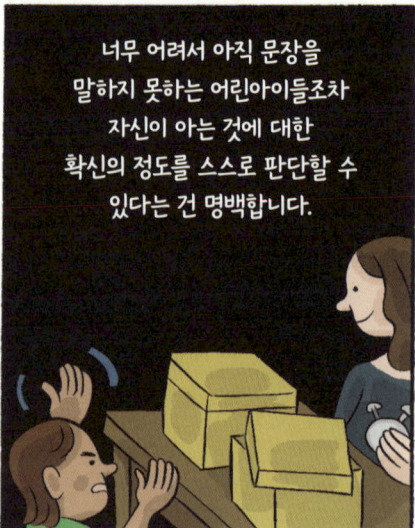

동물들은 점들이 움직이는 방향과 일치하는 단추를 눌러야 해요.

동물이 단추를 정확히 누르면 보상을 얻게 돼요. 쥐와 원숭이는 이 과제를 하는 법을 꽤 빨리 학습한답니다.

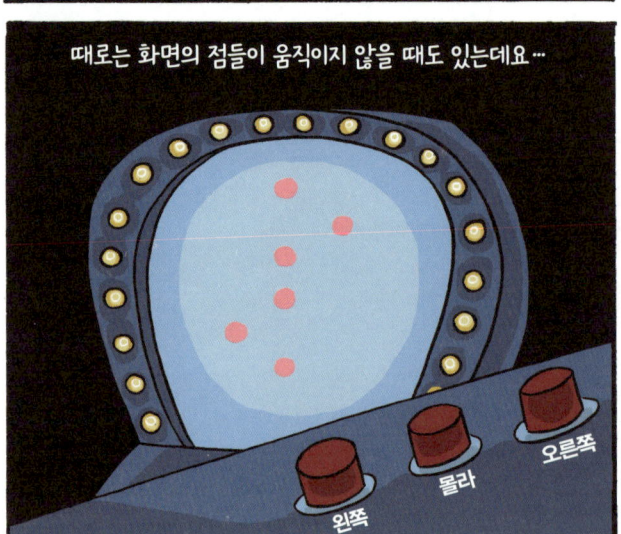

때로는 화면의 점들이 움직이지 않을 때도 있는데요…

이럴 때 이 동물들은 '몰라' 단추를 누르는 모습을 보였어요.

어떤 사람들은 이것이 메타인지의 예라고 주장합니다. 그 동물들이 자기가 모른다는 걸 안다고요. 또 다른 사람들은 특정한 신호가 주어졌을 때 특정한 단추를 누르도록 학습한 것일 뿐이라고 말하고요.

사람이 이런 테스트를 받을 때, 그건 전적으로 메타인지에 관한 것입니다. 이 광범위한 정신적 도구를 우리는 자신의 앎에 관한 확신의 정도를 검토할 때 사용하지요.

간단히 요약해봅시다. 메타인지란 대략 '생각에 관한 생각'을 뜻해요.

자기 생각을 의식하는 동물들도 있을지 모르지만, 이에 대해 우리는 확실히 모릅니다.

우리 인간이 자기 생각에 관해 생각한다는 것은 우리가 확실히 알아요!

때로 이게 걸리적거릴 때도 있지만, 상당히 유용하기도 하죠. 특히 자신의 믿음에 대해 어느 정도 확신하고 있는지 판단할 때요.

또 우리는 다른 사람들의 생각도 평가해요. 심지어 다른 사람이 자기 생각에 대해 갖고 있는 확신의 정도까지요.

때로는 자기 생각에 관해, 그리고 남의 생각에 관해 반복적 패턴으로 생각하기도 하죠. 이걸 재귀적 사고라고 하죠. 이건 다음 장에서 다시 이야기할 거예요.

어쩌면 여러분은 우리가 마침내 뇌들의 상호작용에 관해 말하기 시작했단 걸 눈치챘을지도 모르겠네요.

다른 말로 하면 바로 사회 인지에 관해서요.

그런데 도대체 그런 걸 어떻게 연구할 수 있을까요? 하나의 뇌를 검토하는 것도 (실제로는 대부분 머리를 열지 않아요!) 충분히 어려운데요. 비법이 뭐죠?

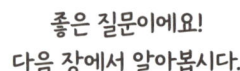

좋은 질문이에요! 다음 장에서 알아봅시다.

8장

뇌는 다른 뇌들과 함께 작동하도록 만들어졌답니다.

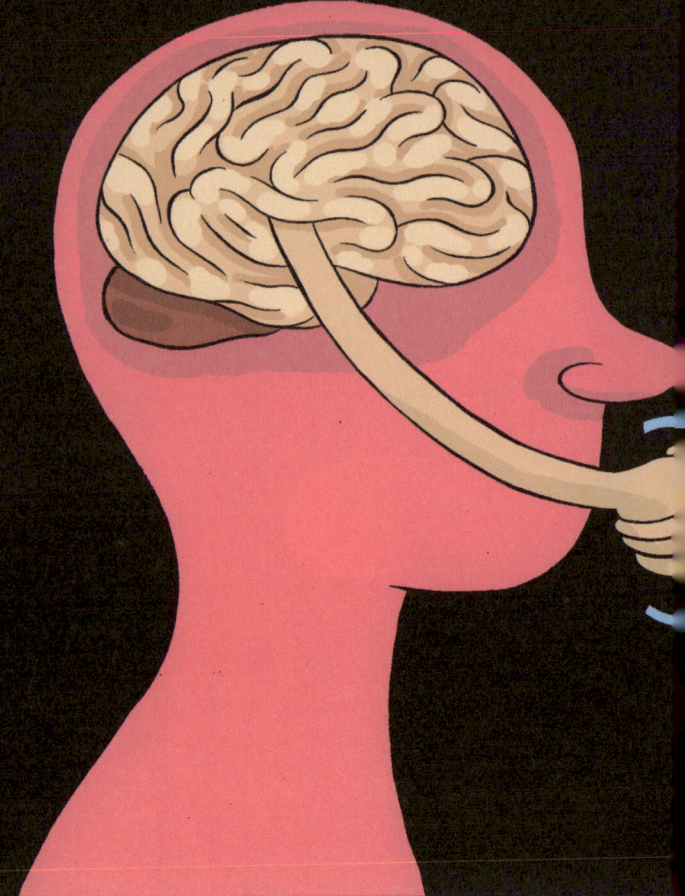

함께 작동하는 뇌들 살펴보기

하지만 지금까지 신경과학 역사의 대부분 시기에는 근본적인 걸림돌이 있었어요.

고립적으로 작동하는 개인의 뇌에만 연구의 초점을 맞춰온 것이죠.

요즘은 이런 상황이 바뀌고 있답니다.

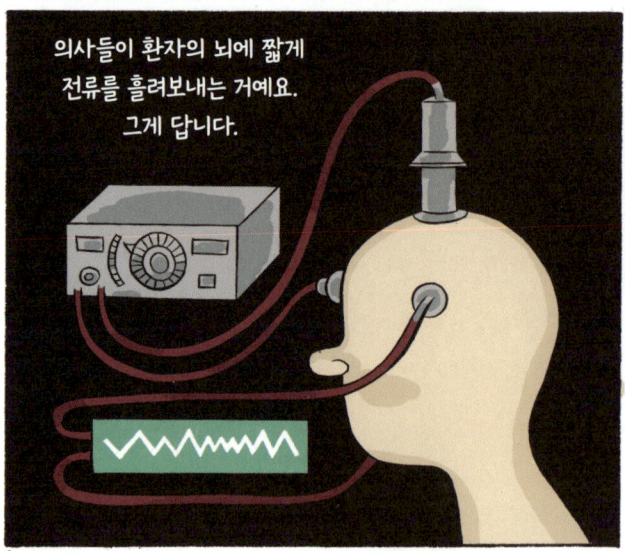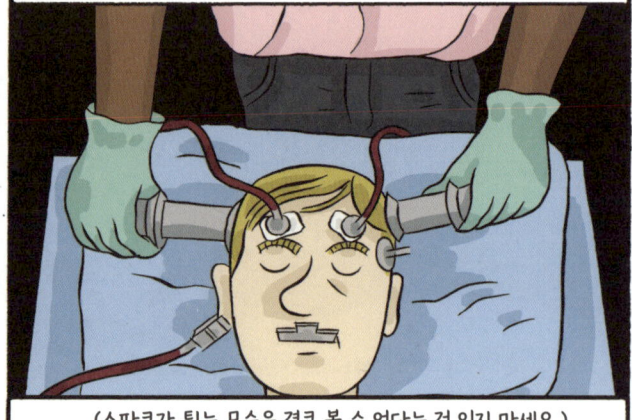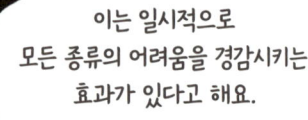

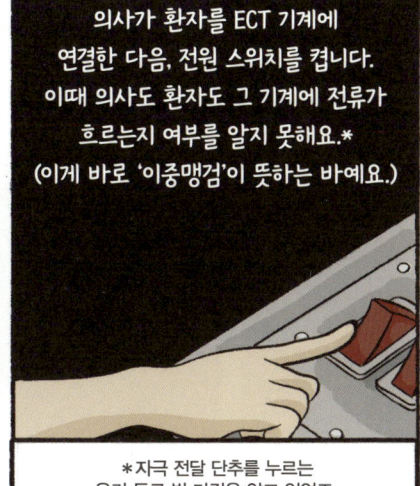

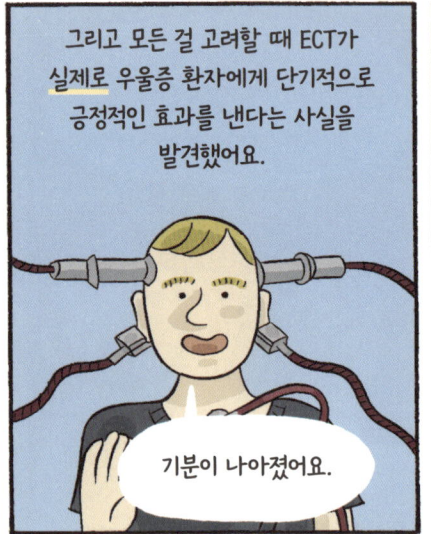

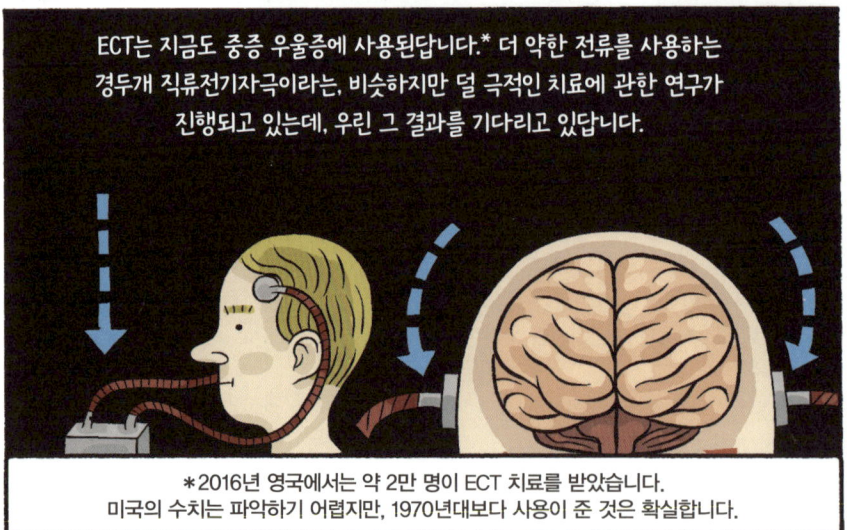

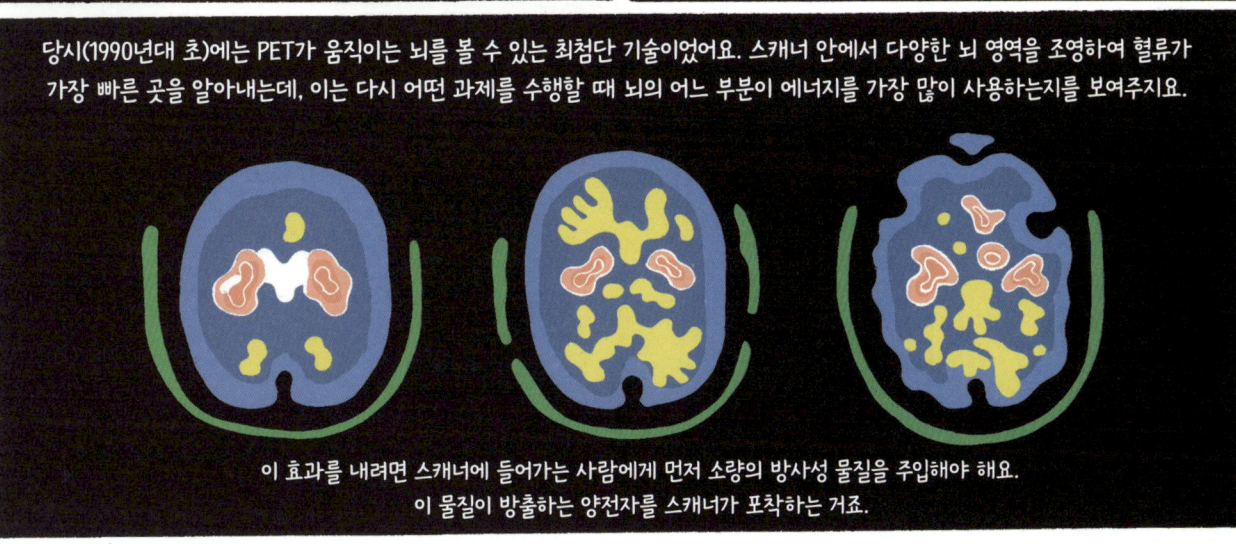

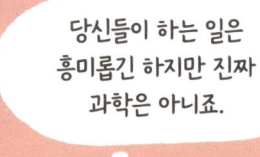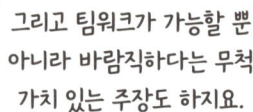

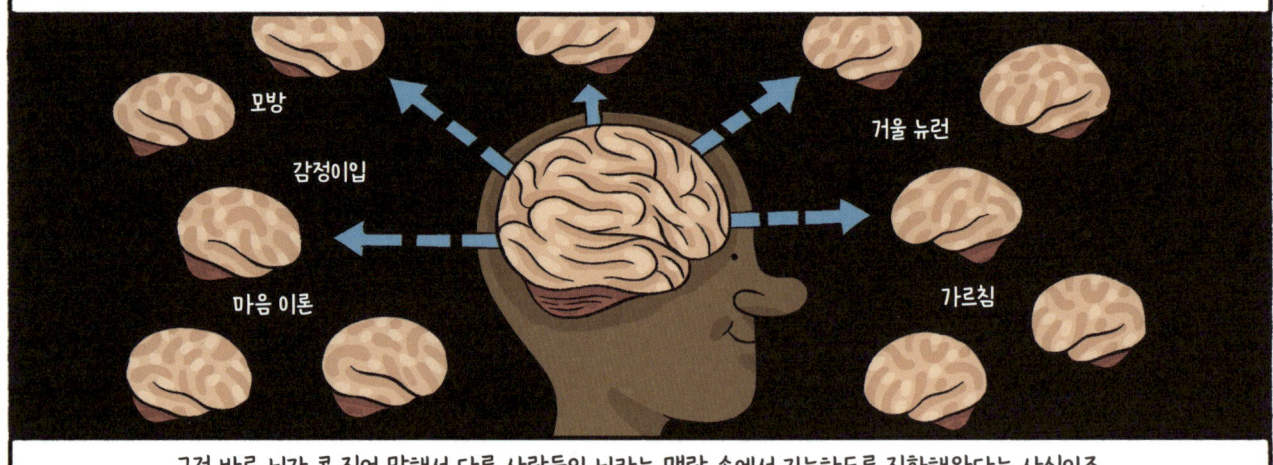

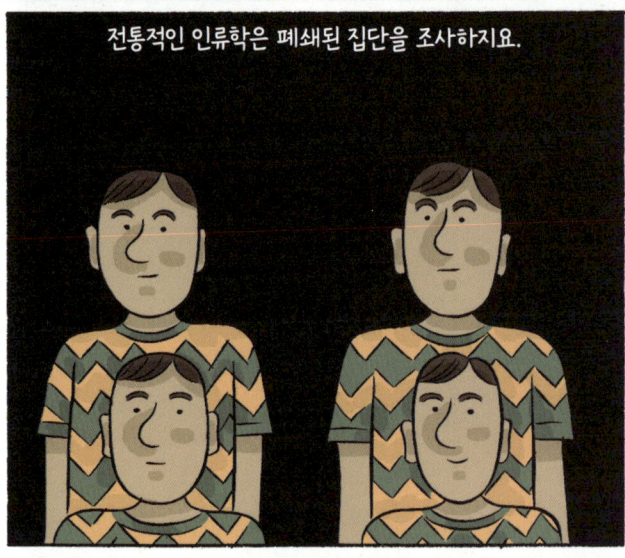

망루에 두 명의 병사가 있습니다.

오랜 시간 따분하게 앞을 응시하고 있던 이들은…
갑자기 저 멀리 언덕에서 어떤 소란스러운 움직임을 감지합니다.

그들이 보는 건 대부분 파란 깃발일까요?
그러니까 승리하고 귀향하는 아군일까요?

아니면 대부분 노란 깃발이 보이는 걸까요? 그래서 고국으로 돌아오는 아군을 적군이 뒤쫓고 있는 상황일까요?

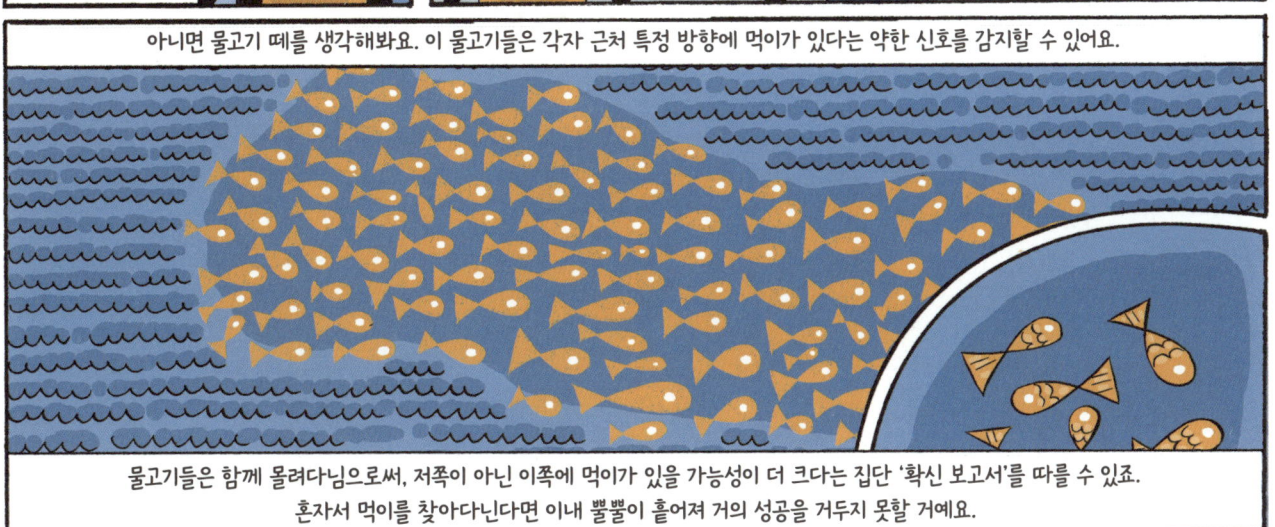

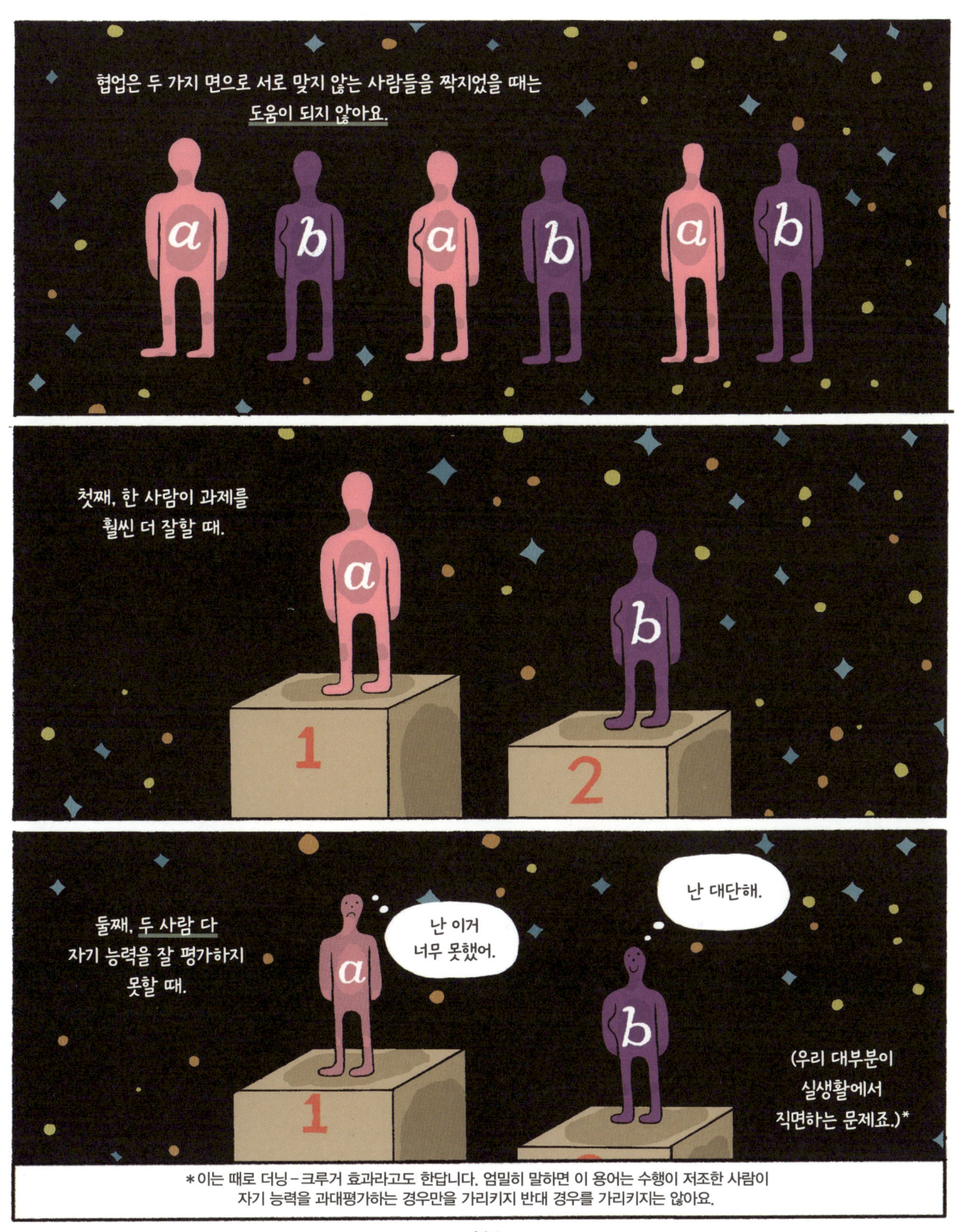

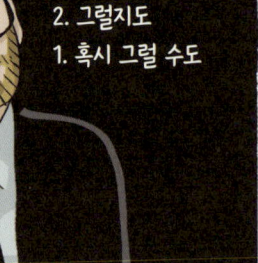

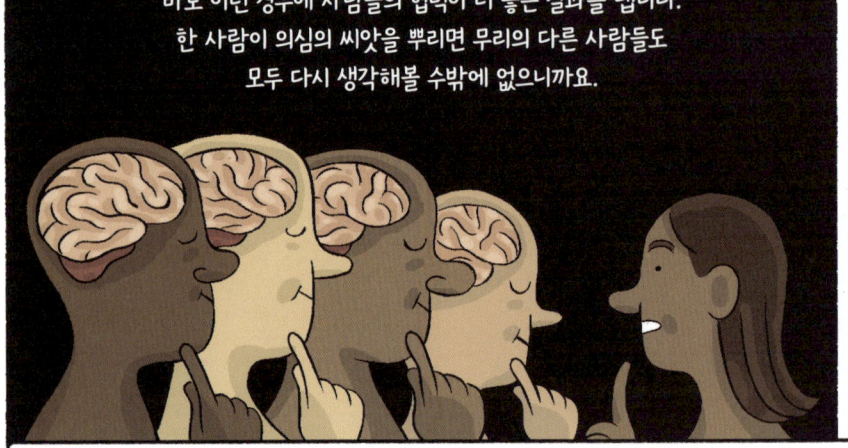

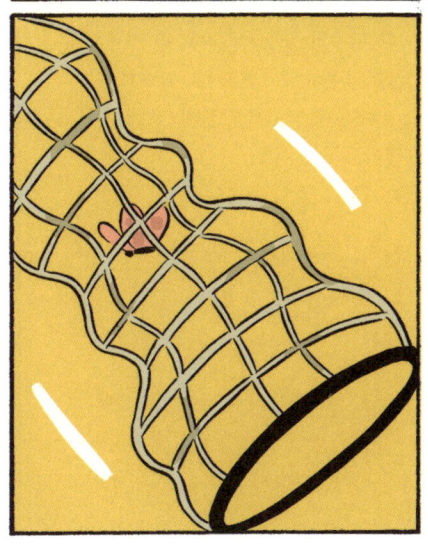

우리 프로젝트 중 아주 많은 수가 모든 학문 분야를 아우른 인풋이 있었기에 가능한 것이었답니다.

물리학자, 방사선학자, 신경학자, 심리학자, 신경해부학자, 통계학자, 컴퓨터과학자, 경제학자, 언어학자, 기호학자, 인류학자, 고고학자, 종교학자, 음악가, 정치학자, 계산모형가, 공학자, 철학자 …

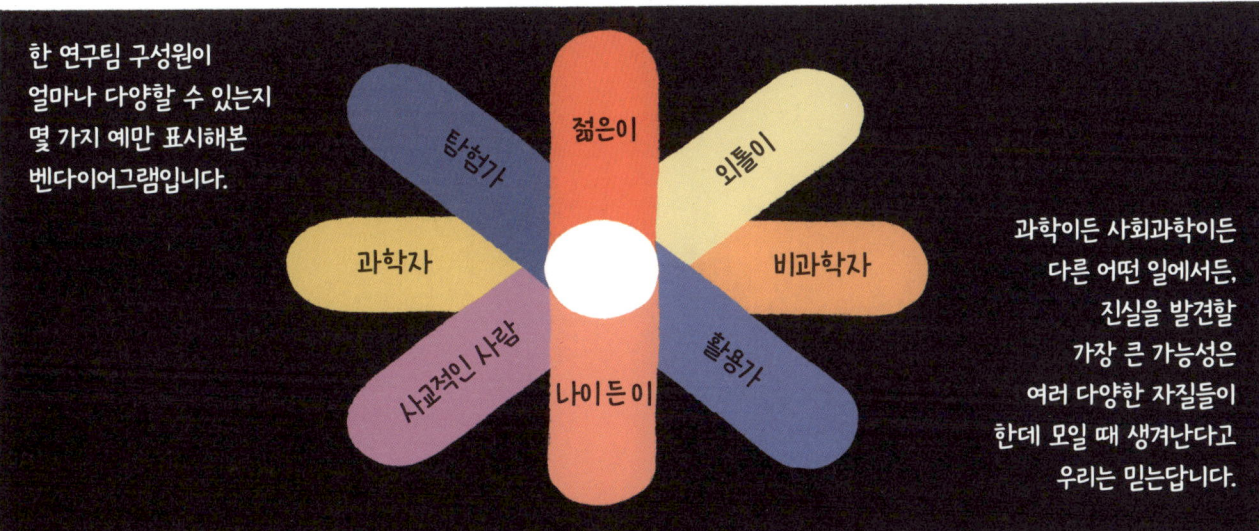

한 연구팀 구성원이 얼마나 다양할 수 있는지 몇 가지 예만 표시해본 벤다이어그램입니다.

과학이든 사회과학이든 다른 어떤 일에서든, 진실을 발견할 가장 큰 가능성은 여러 다양한 자질들이 한데 모일 때 생겨난다고 우리는 믿는답니다.

이 장에서 여러분이 챙겨갔으면 하는 메시지가 하나 있다면, 바로 이거예요. 어려운 문제를 풀려면 언제나 다른 사람들과 함께 노력하라는 것이죠. 능력이 대충 비슷하고…

… 자신의 능력과 서로의 능력, 그리고 확신의 정도를 판단할 능력만 있다면 말이에요.

다른 생각들에 귀 기울이고 그 생각들에 찬성하거나 반대하는 활발한 토론을 장려해야 해요. 이런 일을 활용가들과 탐험가들이 뒤섞이고 다양한* 사람들로 이루어진 무리보다 그 누가 더 잘할까요? 물론 그게 그렇게 간단한 일이었다면 벌써 모든 사람이 그렇게 하고 있겠죠? 이어지는 장들에서는 다양성을 이루기가 왜 그렇게 어려운지, 실패한 협력의 심리학을 살펴볼 거예요.

*이는 가능한 모든 의미의 다양성을 뜻합니다. 우리는 젠더와 인종, 성, 순전한 삶의 경험이라는 관점에서 여러분의 팀이 더욱 큰 다양성을 품고 있을수록, 다양한 접근성을 보여줄 가능성도 더 크다는 사실이 누구에게나 자명하게 여겨지기를 바랍니다.

10장

협력이 혼란을 부를 때

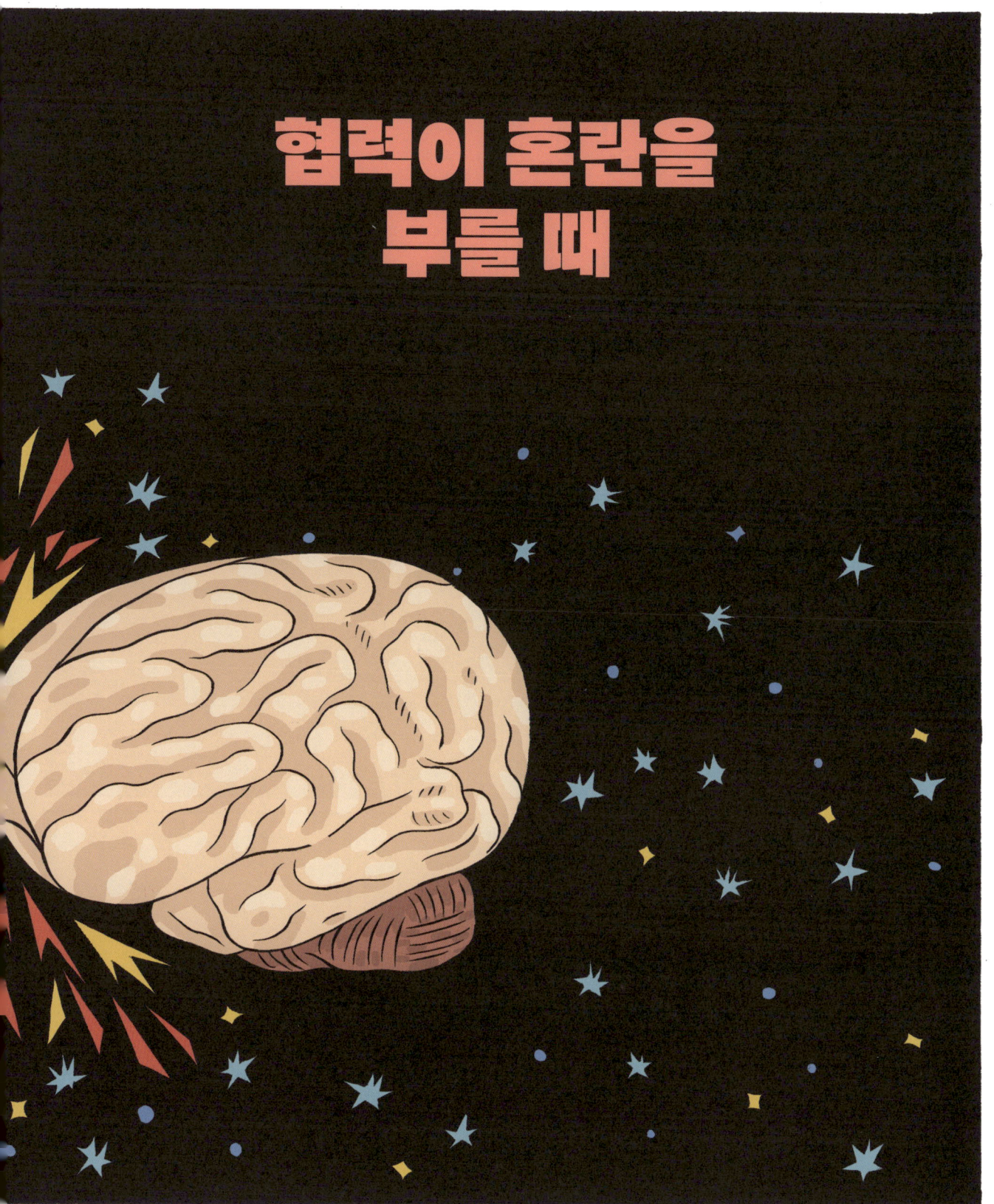

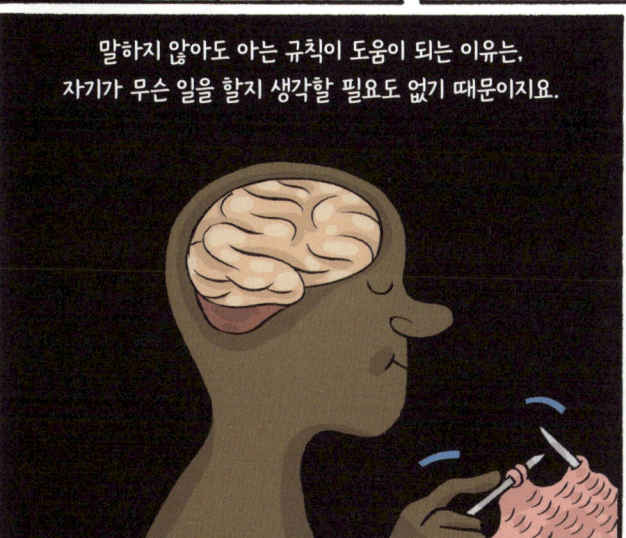

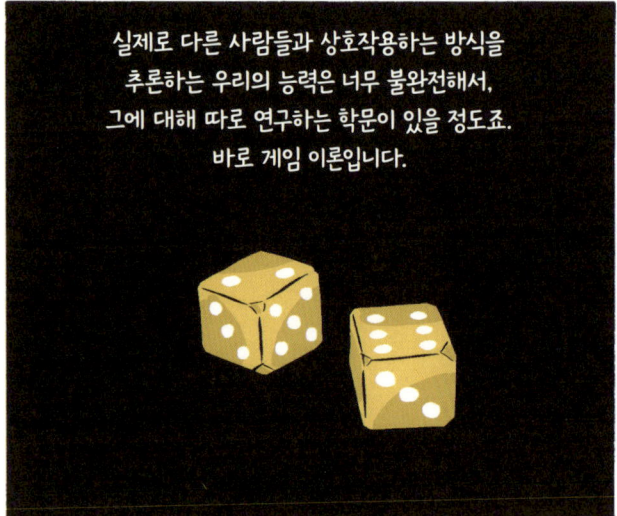

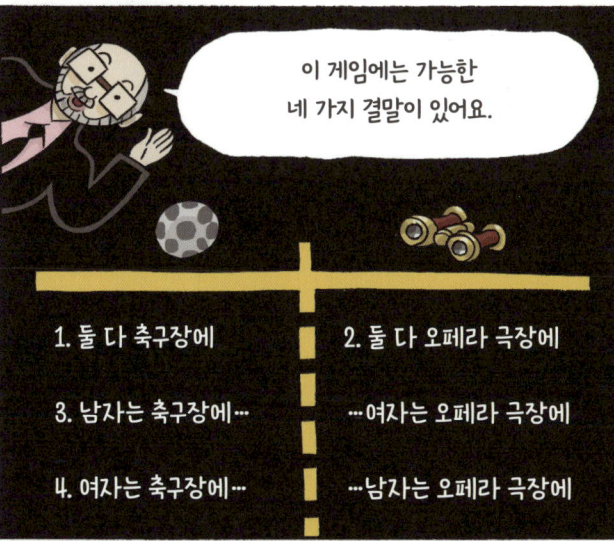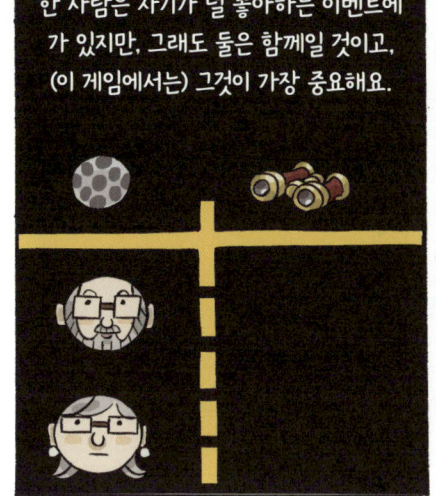

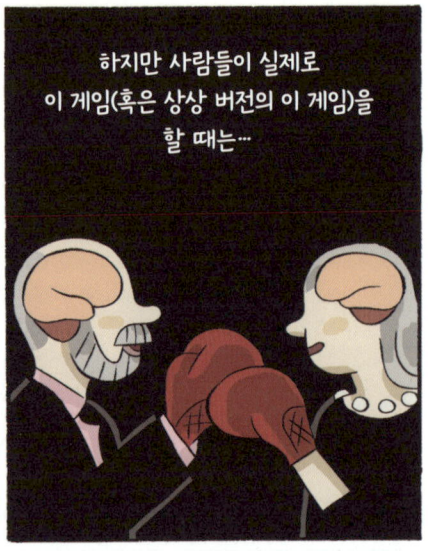

크리스마스 아침, 그들은 이제는 쓸모가 없어진 선물을 교환했어요.

이 이야기에서는 재귀적 사고가 슬픈 결말로 이어졌어요. 그런데 이게 정말 슬픈 이야기일까요?

오 헨리는 부부가 서로를 위한 희생에 감동했다고 말해요. 그건 그들이 사실은 행복하고 현명한 사람들이라는 것을 알려주죠.

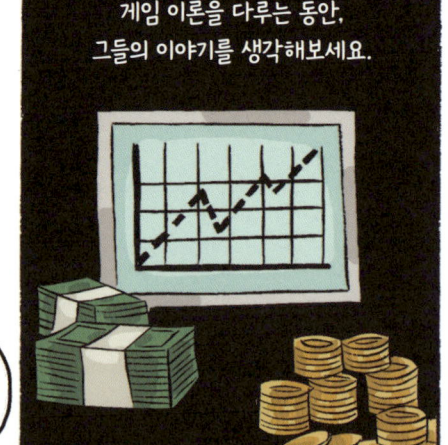
경제학 연구 중 재미있는 한 부분인 게임 이론을 다루는 동안, 그들의 이야기를 생각해보세요.

게임 이론 세계 속 사람들은 '최선의' 결과를 가져올 전략을 찾아내는 일에 관심이 있죠. 그 최선의 결과란 주로 돈이나 권력에 의해 결정되고요.

성별 전쟁 게임에도 오 헨리의 소설처럼 서로에 관해 생각하는 사람들이 등장합니다.

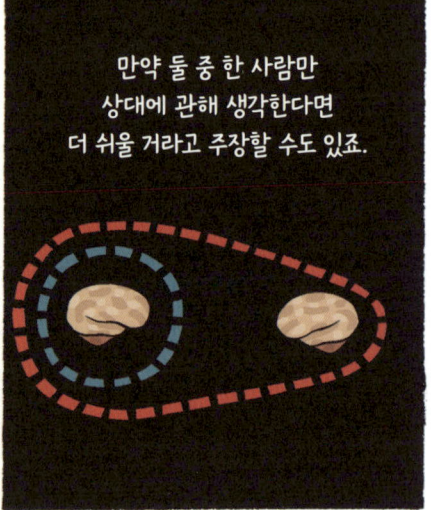
만약 둘 중 한 사람만 상대에 관해 생각한다면 더 쉬울 거라고 주장할 수도 있죠.

인물 A는 인물 B가 무슨 생각을 하는지 생각하지 않는데…

난 축구장에 더 가고 싶어. 그러니까 축구장 가는 걸 선택해야지.

그는 축구장에 더 가고 싶을 거야. 그러니 나도 그쪽을 선택하지 뭐.

… 인물 B는 인물 A가 무슨 생각을 하는지 생각하려 노력한다면, 이들은 최소한 중간 정도로 행복한 결과는 얻을 거예요.

인물 A가 그냥 이기적인 것일 수도 있죠. 하지만 그는 자기 파트너가 종종 불만족하는 이유를 정말로 모르는 걸 수도 있어요.

누구나 축구를 제일 좋아하지 않나?

남자들이 자신의 욕망보다 파트너의 욕망에 관해 생각하는 일이 더 적다는 것은 잘못된 고정관념이에요.

하지만 우리의 뇌가 고정관념을 믿는 쪽으로 학습하고, 그 관념에 맞게 우리의 행동을 조정한다는 것은 사실이에요.

(그건 내가 항상 크리스에게 전구를 갈아달라고 부탁하는 이유이기도 하고요. 왜냐면 그건 남자가 할 일이니까요.)*

*또 하나의 잘못된 고정관념이에요.

대부분의 사람이, 특히 큰 집단에 속해 있을 때는 이타적인 쪽으로 프라이밍된다는 것을 마침 여러 연구가 반복적으로 증명했답니다.

그건 의식적인 결정은 아닙니다. 우리는 그저 자신보다는 우리의 집단에게 가장 좋은 일을 원하도록 배선되어 있을 뿐이에요.

'우리 집단'이라는 개념에 관해서는 다음 장에서 더 이야기할 거예요.

지금은 다른 게임을 할 시간이에요.

〈머나먼 파빌리언〉은 사실 컴퓨터 게임은 아니에요(우리가 아는 한은요).

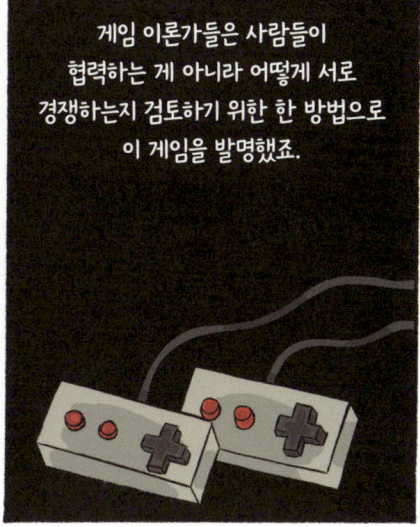

게임 이론가들은 사람들이 협력하는 게 아니라 어떻게 서로 경쟁하는지 검토하기 위한 한 방법으로 이 게임을 발명했죠.

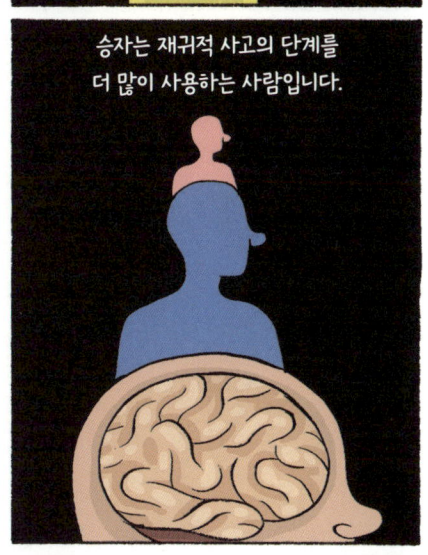

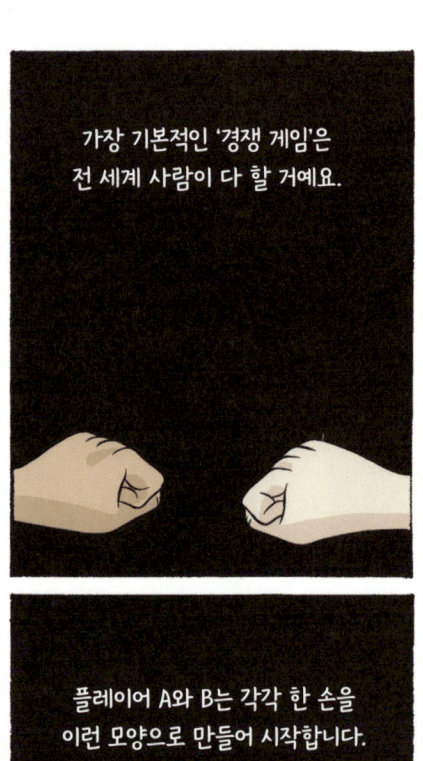
가장 기본적인 '경쟁 게임'은 전 세계 사람이 다 할 거예요.

가위, 바위, 보.

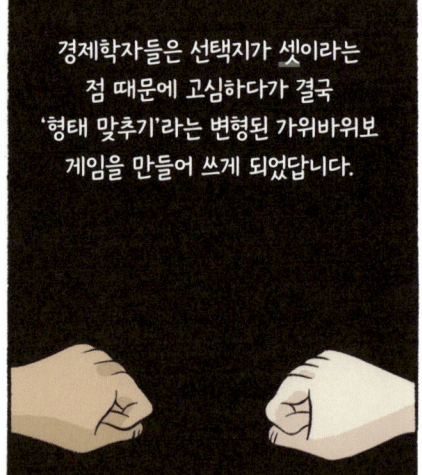
경제학자들은 선택지가 셋이라는 점 때문에 고심하다가 결국 '형태 맞추기'라는 변형된 가위바위보 게임을 만들어 쓰게 되었답니다.

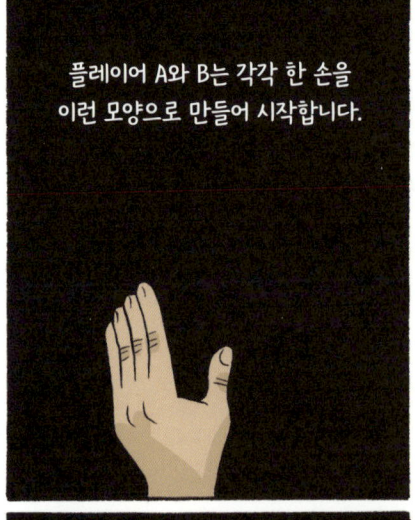
플레이어 A와 B는 각각 한 손을 이런 모양으로 만들어 시작합니다.

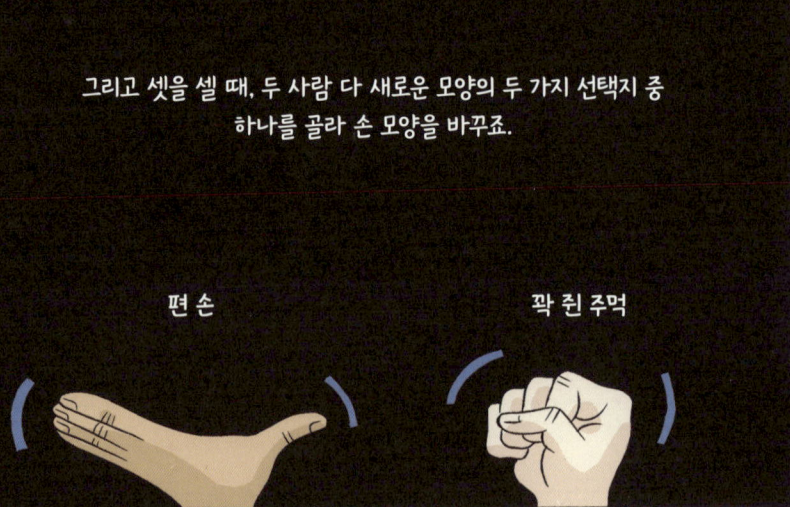
그리고 셋을 셀 때, 두 사람 다 새로운 모양의 두 가지 선택지 중 하나를 골라 손 모양을 바꾸죠.

편 손   꽉 쥔 주먹

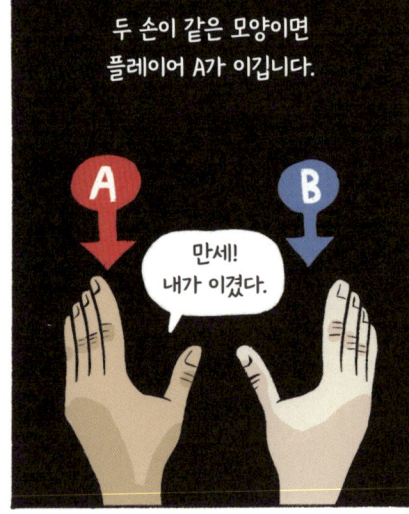
두 손이 같은 모양이면 플레이어 A가 이깁니다.

만세! 내가 이겼다.

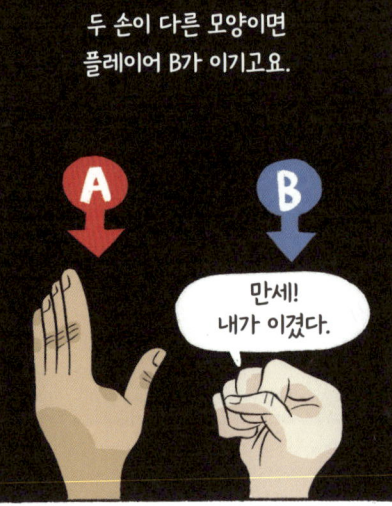
두 손이 다른 모양이면 플레이어 B가 이기고요.

만세! 내가 이겼다.

이 게임을 할 때 절대로 플레이어 B를 맡지 마세요.

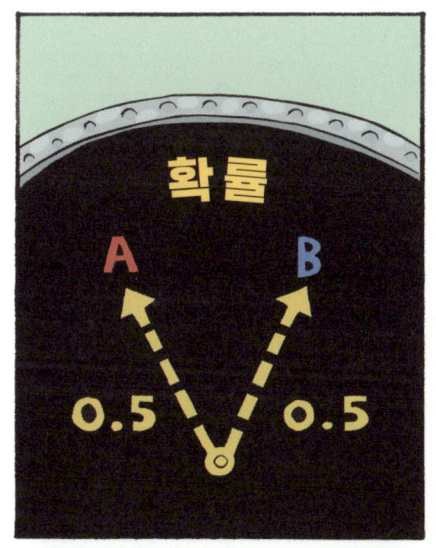

이론상 플레이어들은 동시에 손 모양을 만들어요. 하지만 뇌는 모방 본능이 끼어들 충분한 시간을 갖고 있죠. 이 욕망도 또 하나의 무의식적 과정이랍니다.

그래서 플레이어들은 눈치채지 못해요. 하지만 시간이 갈수록 그들도 알아차리게 되죠. 플레이어 A가 이 게임을 더 자주 이기게 된다는 것을요.

사람들에게 이런 종류의 게임을 해보라고 할 때 경제학자들이 대체로 궁금해하는 것은…

…어떤 전략을 써야 가장 큰 이득을 얻을까 하는 거예요.

신경과학자들은 게임을 할 때 사람들이 어떻게 결정을 내리는지에 더 관심이 많죠.

특히 그들이 행동한 후 자신의 결정을 평가하는 방식이에요.

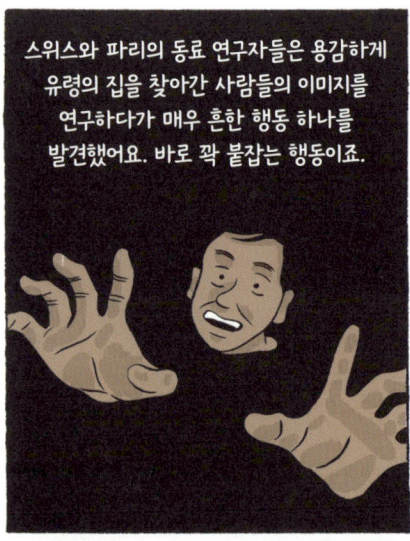
스위스와 파리의 동료 연구자들은 용감하게 유령의 집을 찾아간 사람들의 이미지를 연구하다가 매우 흔한 행동 하나를 발견했어요. 바로 꽉 붙잡는 행동이죠.

짝을 이룬 사람들은 공포에 직면하면 전형적으로 서로를 꼭 끌어안아요.

위험에서 달아날 때나 다른 사람을 위험으로 밀어넣으려 할 때와는 반대로 말이죠.

더 큰 무리에서는 가장 겁을 많이 먹은 사람이 다른 사람들을 붙잡지만, 가장 겁내지 않는 사람은 사람들을 붙잡지 않고, 심지어 자기를 붙잡는 사람을 달래려 붙잡아주지도 않죠.

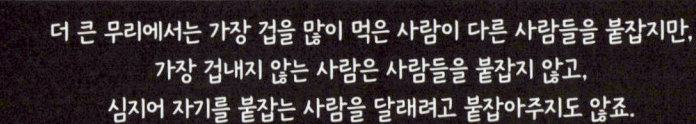

요점은 그대로예요. 겁을 먹었을 때는 다른 사람에게서 달아나는 게 아니라 다른 사람을 찾으려는 것이 우리의 본능이라는 것이죠.

경제학 게임의 세계로 다시 돌아가보죠. 연구자 데이비드 랜드는 익명으로 한 그룹에게 기부를 해달라고 사람들에게 요청했답니다.

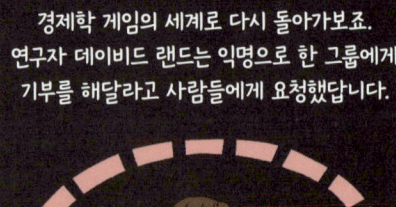

그들이 얼마를 내든 그 돈을 두 배로 불려 모두에게 똑같이 나눠주기로 하고요. 모두가 가진 걸 다 내놓으면 모든 플레이어에게 좋은 거죠.

하지만 한 푼도 내지 않은 무임승차자가 더 많은 돈을 가져갈 수도 있죠.

대개는 거의 혹은 전혀 내지 않는 사람들이 있고, 이러면 너그럽게 기부한 사람들은 결국 자신이 원래 낸 것보다 더 적게 받게 되지요.

11장

*맞아요. 이건 더 스미스The Smiths의 노래 가사랍니다. 하지만 그 얘기는 앨릭스한테 물어보세요.

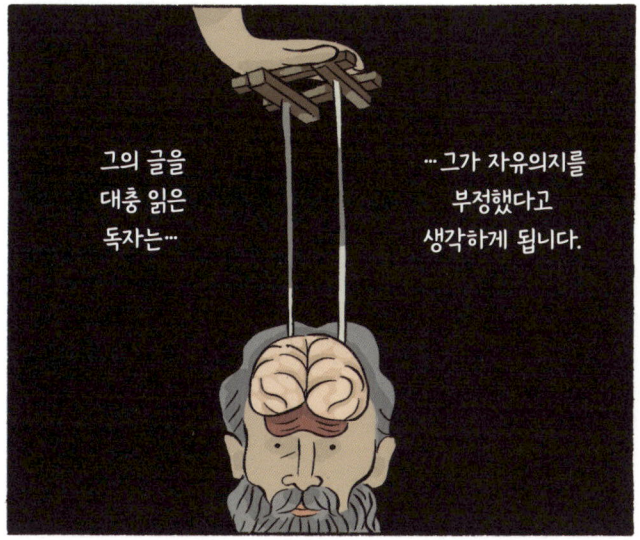

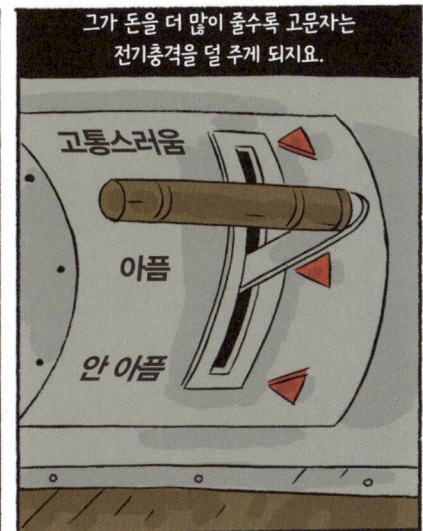

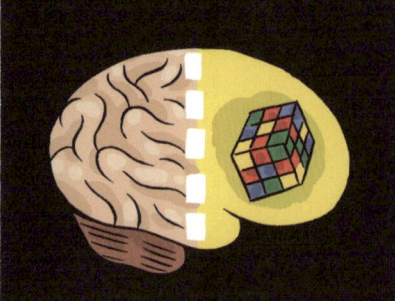

*241쪽에서 이야기했던, 사람들은 생각할 시간이 생기면 더 이기적으로 행동한다는 연구를 떠올려보세요.

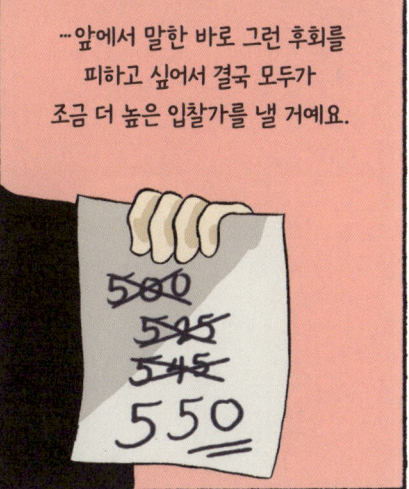

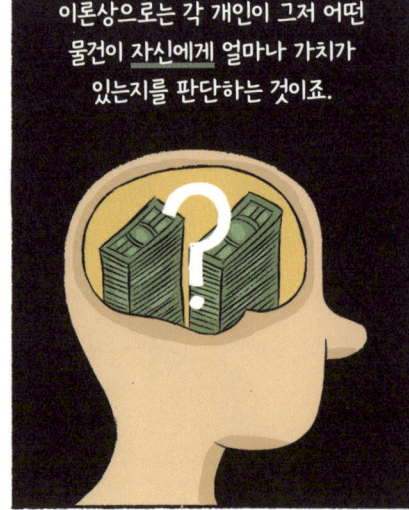

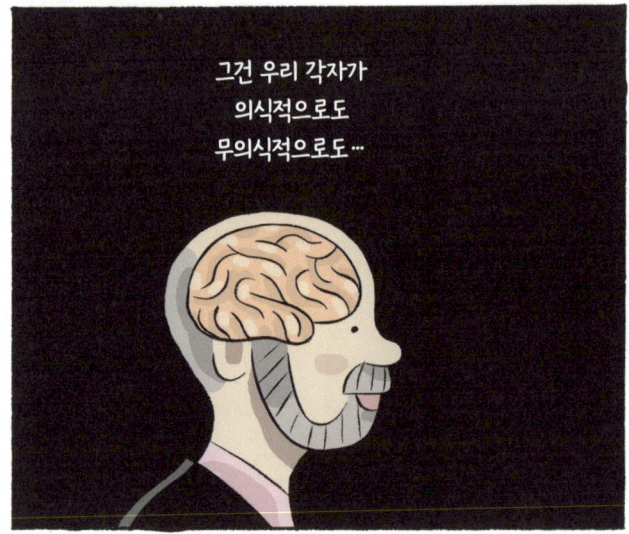
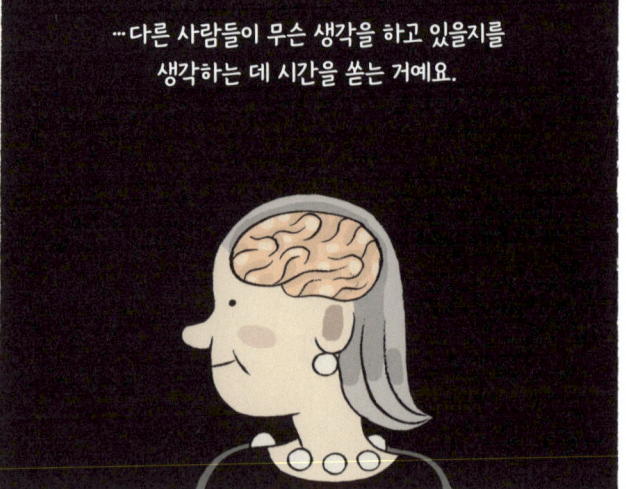

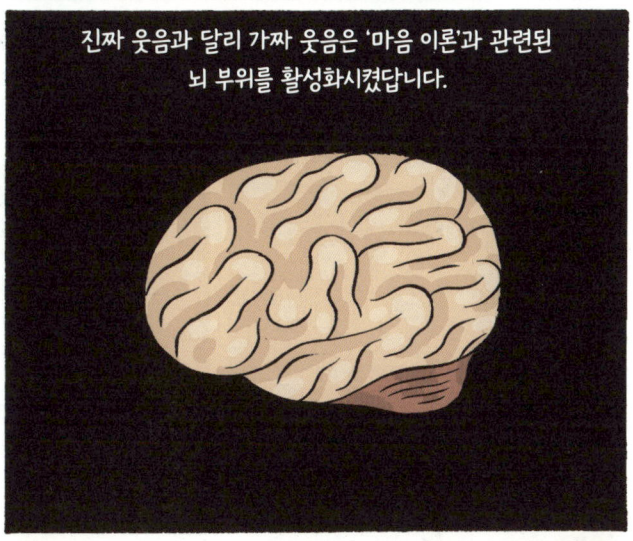

하지만 그런 행동의 어느 정도가 그들 탓일까요? 어쩌면 사이코패스에게는 자유의지가 없으니 그들도 그렇게 행동할 수밖에 없다고 말할 수 있을까요?

현재 사이코패시의 진단은 의사가 교활함, 조종하는 성질, 감정이입의 결여 등 체크리스트에 있는 여러 특징을 평가하여 내린답니다.

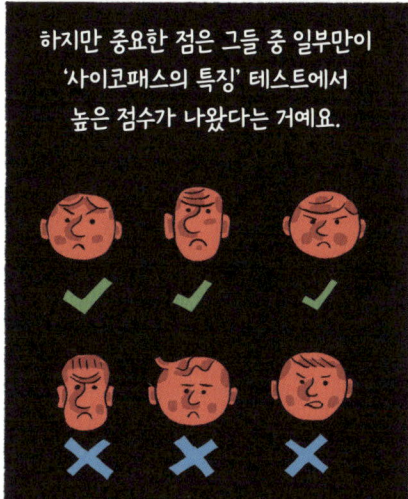
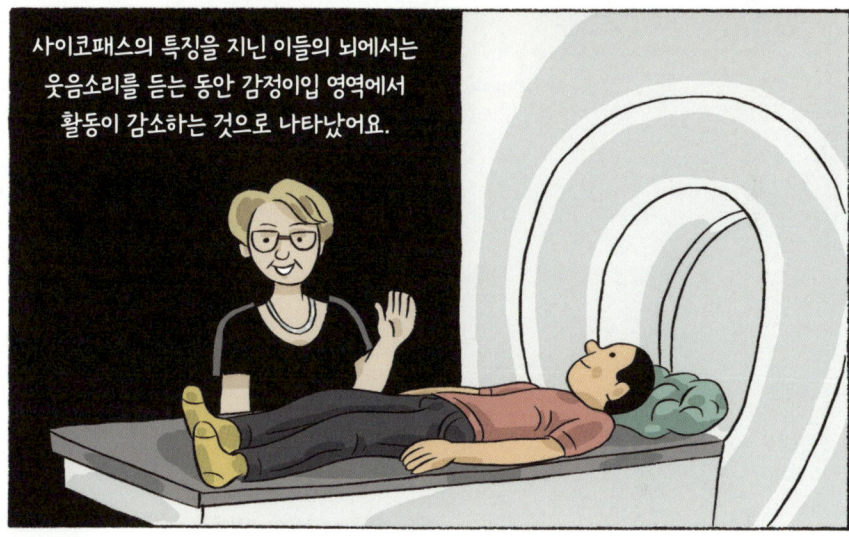
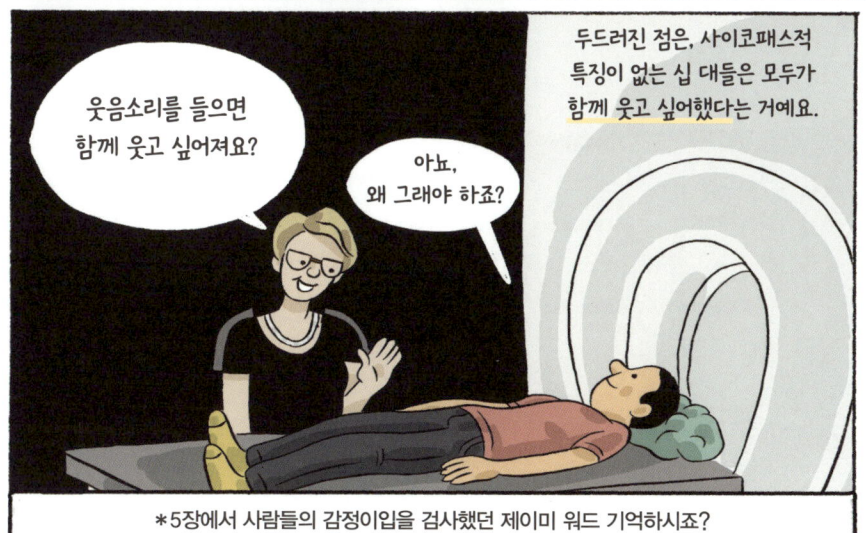

우리는 사이코패스들이 자신이 한 사악한 행동에 대해 책임이 있다고, 달리 표현하자면 그들에게 자유의지가 있다고 말할 수 있기를 바랐답니다. 우리의 데이터는 그것을 증명하지 못했지만(앞으로도 못할지도 모르지만), 그래도 그럴 가능성은 있어 보입니다.

하지만 우리는 사이코패스들이 (사이코패스가 아닌 사람들과는) 다른 종류의 정신적 입력들을 받아 결정을 내린다는 결론도 내렸습니다.

*내 아들들조차 내가 '카탈로그'라는 단어를 발음할 때 웃어대곤 했답니다.

12장

내집단과 외집단

고모할머니는 나의 배우자 선택에 대해 염려하셨어요. 타국에서 온 '이방인'이란 건 받아들일 수 있지만, 우타가 알맞은 종류의 이방인일까를 염려하셨죠.

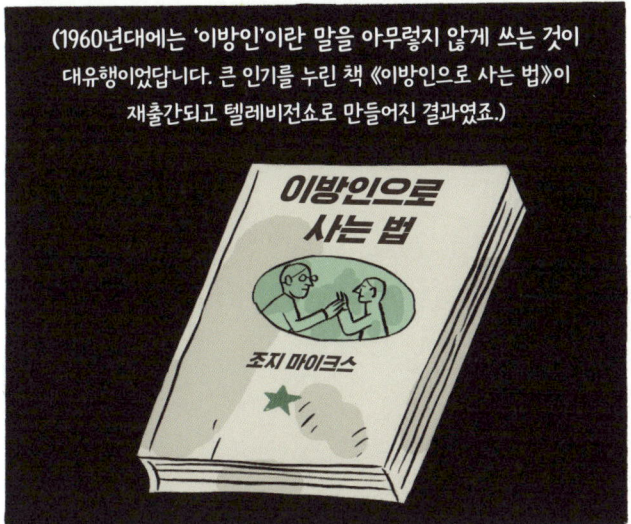

(1960년대에는 '이방인'이란 말을 아무렇지 않게 쓰는 것이 대유행이었답니다. 큰 인기를 누린 책 《이방인으로 사는 법》이 재출간되고 텔레비전쇼로 만들어진 결과였죠.)

혹시 그 애가 가톨릭 신자면 어쩌냐?

어느 날 고모할머니가 물었죠.

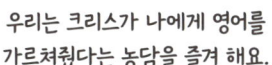

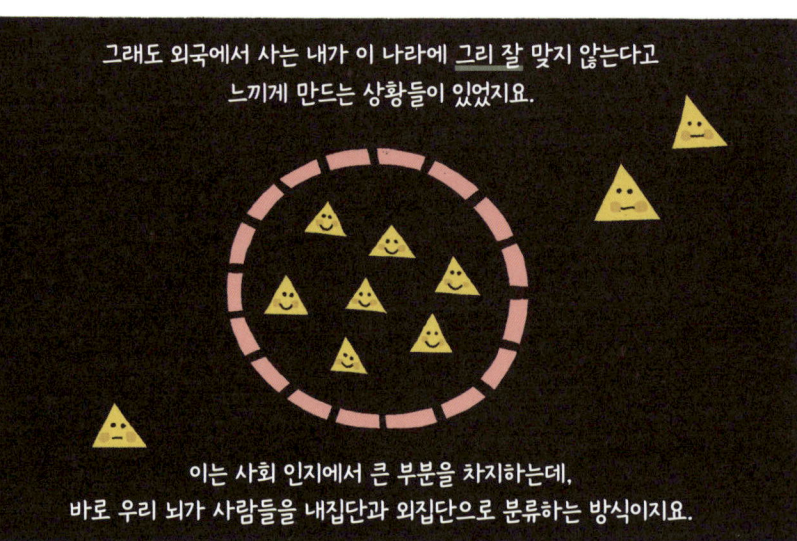

영국에서는(세계 대부분 지역에서도 그렇겠지만) 사람들이 온갖 '내집단' 상자들 속에 속해요. 본인이 선택한 것도 있고 아닌 것도 있지요. 사람들은 자기가 속한 집단에 자부심을 느끼는 경우가 많아요. 여기 우리가 속한 상자들이 몇 가지 있어요. 몇 가지는 각자 따로 속한 것이고 둘 다 속한 것도 있죠. 그중 몇 가지는 뽐낸다는 인상을 줄 수도 있음을 잘 알고 있어요. 그리고 몇 가지는 상당한 특권을 드러내는 것이 분명하네요.

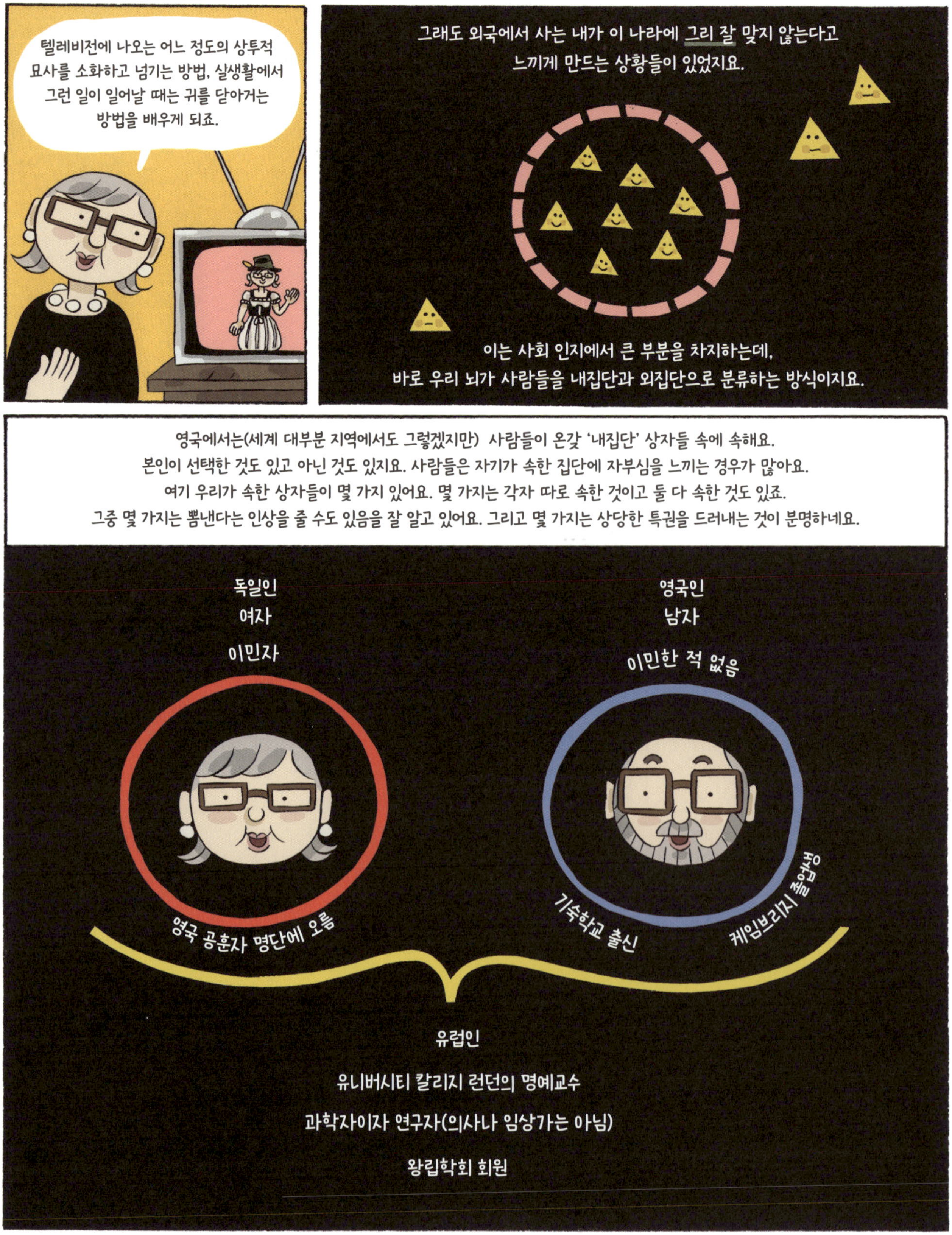

독일인
여자
이민자

영국인
남자
이민한 적 없음

영국 공훈자 명단에 오름

기숙학교 출신

케임브리지 출신

유럽인

유니버시티 칼리지 런던의 명예교수

과학자이자 연구자(의사나 임상가는 아님)

왕립학회 회원

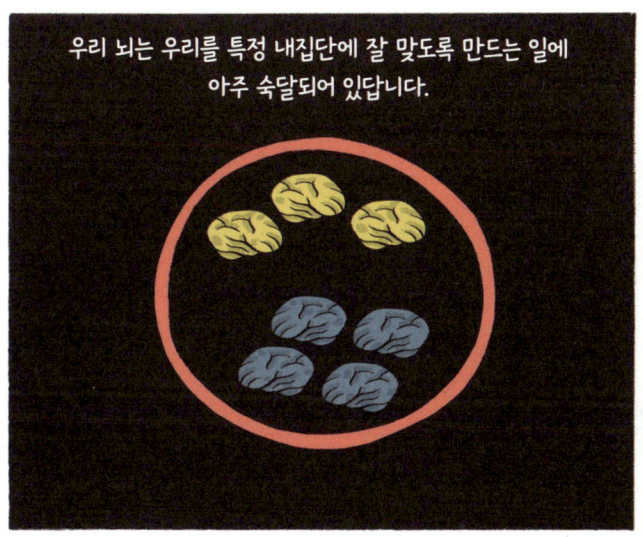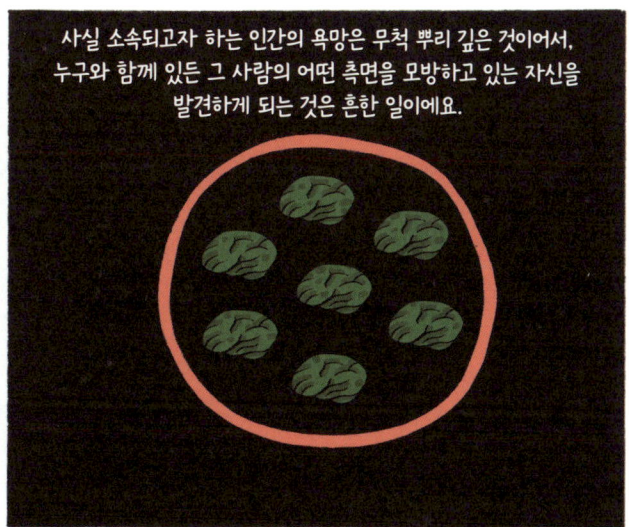

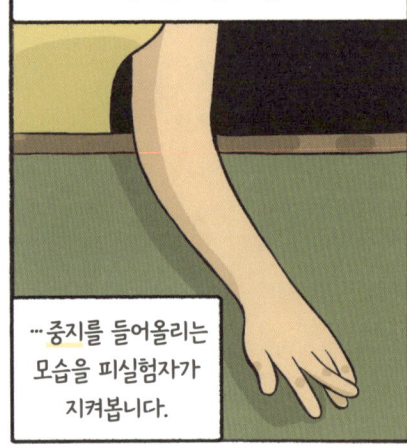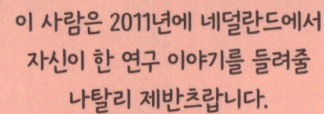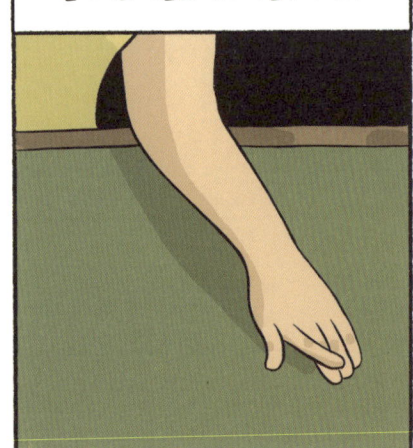

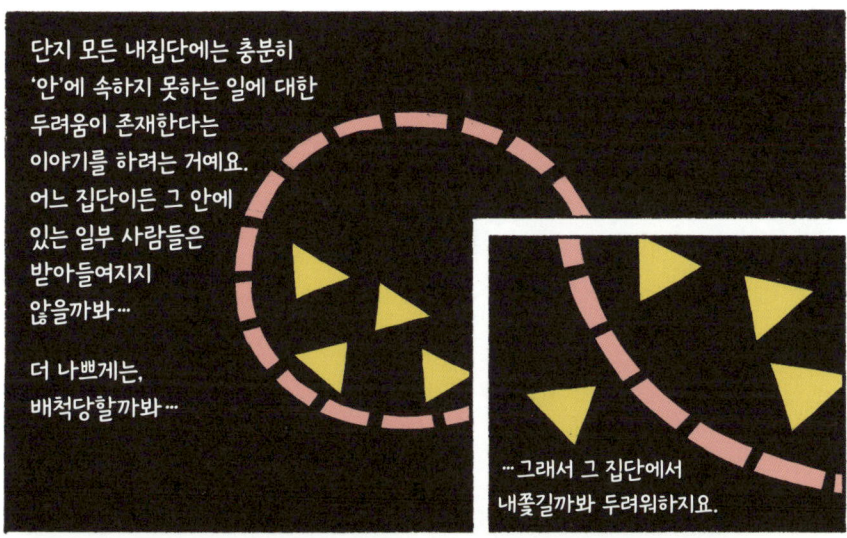

짧은 영상 클립으로 삼각형 하나가 주 집단에서 따돌림당하는 모습을 보여줍니다.

또 다른 클립에서는 모든 삼각형이 서로 잘 어울리는 모습을 볼 수 있죠.

한 영상을 다 본 직후 아이들에게 몇 가지 물건을 줍니다.

그런 다음 아이에게 다른 사람이 그 물건으로 하는 것을 보고 똑같이 따라해보라고 합니다.

따돌림 영상을 본 아이들은 보지 않은 아이들에 비해 그 행동을 더 비슷하게 따라했답니다.

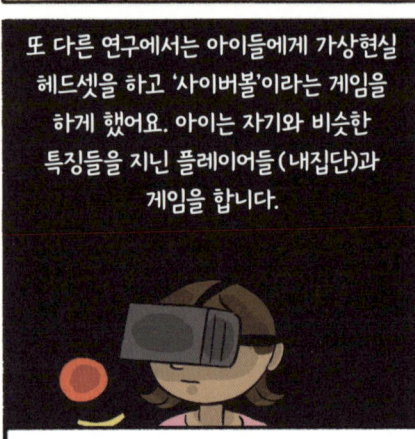
또 다른 연구에서는 아이들에게 가상현실 헤드셋을 하고 '사이버볼'이라는 게임을 하게 했어요. 아이는 자기와 비슷한 특징들을 지닌 플레이어들(내집단)과 게임을 합니다.

얼마간 게임이 진행된 후 다른 플레이어들은 아이에게 더 이상 공을 던져주지 않습니다.

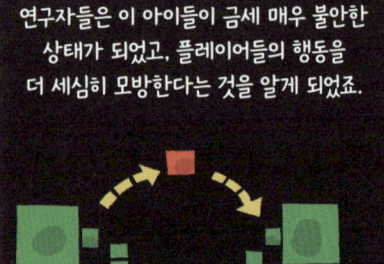
연구자들은 이 아이들이 금세 매우 불안한 상태가 되었고, 플레이어들의 행동을 더 세심히 모방한다는 것을 알게 되었죠.

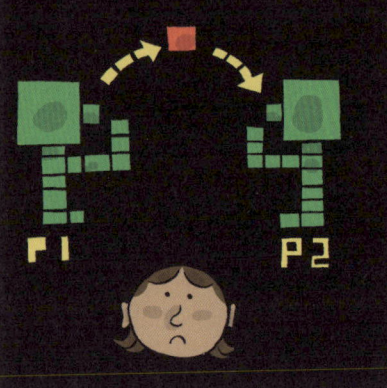

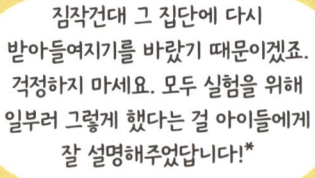
짐작건대 그 집단에 다시 받아들여지기를 바랐기 때문이겠죠. 걱정하지 마세요. 모두 실험을 위해 일부러 그렇게 했다는 걸 아이들에게 잘 설명해주었답니다!*

*그리고 이 실험에 대해 윤리위원회의 승인도 받았어요. 우리가 보장해요!

또 외집단에 속한 플레이어들과 사이버볼 게임을 한 아이들도 있었답니다. 이 아이들은 따돌림당했을 때 앞의 아이들만큼 다른 플레이어의 행동을 꼼꼼히 모방하지 <u>않았어요</u>.

마치 따돌림당하는 걸 별로 개의치 않는 것처럼요.

과학적인 (그리고 감정에 흔들리지 않는) 설명을 덧붙이자면, 외집단에게서 배척당한 사람은 그들의 행동을 흉내내지 않는다는 걸 여러 연구가 보여주었답니다.

모두 다 납득이 되지만, 그중 어떤 것도 내집단과 외집단을 어떻게 정의하는지 알아내는 데는 도움이 되진 않네요.

그리고 이게 더 중요한데, 외집단에 속한 사람을 마치 내집단 사람처럼 대하는 법을 배우는 데도 도움이 되지 않습니다.

이 문제를 푸는 것이 사회의 가장 큰 목표 중 하나라고 주장할 수도 있어요. 이 책에서 우리가 그 문제를 풀지는 않겠지만, 몇몇 간단한 연구에서 나온 몇 가지 발견들을 널리 알릴 수는 있지요.

한 가지 비법은 자신의 관점을 바꿔보는 방법을 배우는 거예요.

다른 사람의 관점에서 바라보려는 최소한의 노력이라도 해보는 거죠.

여러분이 그 비법은 이미 소설에서 배웠다고 생각할 수도 있겠네요. 맞습니다. 하지만 실제 경험 과학이 그걸 뒷받침할까요? 감사하게도, 그 답은 '그렇다'인 것 같습니다.

이 현상은 문화적 아이콘인 무려 《해리 포터》를 가지고 연구했지요.

여러 무리의 독자들(초등학생과 고등학생, 심지어 대학생까지)이 해리 포터 시리즈의 몇 권을 읽었어요.

《해리 포터》에서 계속 나오는 테마 하나는 마법사 무리가 마법사가 아닌 '머글'들의 외집단 위에 군림하는 것이죠.

(그보다 정도는 약하지만 내집단들도 어느 마법학교 출신인가에 따라 나뉘죠.)

《해리 포터》를 읽은 모든 사람은 주변화된 집단에 대한 태도가 개선된 것으로 드러났습니다. 구체적으로는 이민자와 동성애자, 난민들에 대해서도요.

나탈리는 동료 마노스 차키리스(와 그의 팀)와 함께, 구체적으로 피부색과 관련된 사람들의 태도를 개선할 방식들을 더 자세히 알아보았어요.

고무손 착각 기억나세요? 누군가 고무로 된 손을 간지럽히면 우리 자신의 손에 간지럼을 태우는 느낌이 드는 것 말이에요.

마노스 연구팀은 그 방법을 활용해 피부가 흰 피실험자들이 어두운 색 고무손이 자기 손처럼 느껴지는 착각을 경험하도록 만들었죠.

이 경험으로 사람들을 프라이밍한 뒤, 연구팀은 IAT, 즉 암묵적 연합 검사를 실시했어요.

더러움　　기쁨

고문　　　　　즐거움

구토　　평화

이 테스트는 사람들이 밝거나 어두운 피부색을 좋거나 나쁜 단어들과 얼마나 빨리 연관 짓는지를 검사합니다.

서글픈 사실이지만 피부색이 밝은 사람은 대부분 피부색이 어두운 사람들을 나쁜 단어들과 더 빨리 연관 지었어요.

더러움　　기쁨

고문　　　　　즐거움

구토　　평화

그러나 먼저 고무손 착각으로 프라이밍한 사람들은 이런 연상을 덜 보였답니다.

고무손이 없거나, 책 한 권을 다 읽을 만큼 인내심이 없는 사람이 같은 효과를 얻기 위해 택할 수 있는 지름길 하나는 영화를 보는 거예요.

기왕이면 잘 만들어진 영화가 좋겠지만…

…자신과 피부색이 다른 사람이 주인공인 영화라면 다 괜찮아요.*

*〈살아 있는 시체들의 밤〉은 이런 면에서 백인들에게 적합한 예이지만, 피부색이 다른 사람들을 위한 반례는 너무 많아서 열거할 수도 없네요.

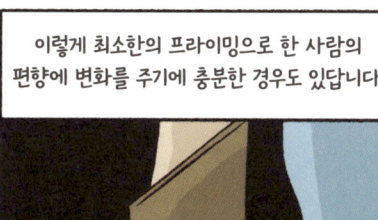

이렇게 최소한의 프라이밍으로 한 사람의 편향에 변화를 주기에 충분한 경우도 있답니다.

뇌 영상에서는 이 모든 게 어떻게 나타날까요?

인종을 기준으로 내집단과 외집단을 정의한 영상 연구를 살펴봅시다.

우리가 다른 사람이 아픔을 느끼는 영상을 보고 있을 때 우리 뇌를 스캔하면…

…뇌의 일부가 명백히 감정이입을 나타내는 방식으로 반응합니다.

화면 속 사람이 우리와 인종적으로 같은 내집단에 속하는 한은 그렇지요.

백인 유럽인 피실험자에게 중국인이 등장하는 두 가지 시나리오의 영상을 보여주었습니다.

1) 바늘로 찔림
2) 면봉으로 찔림

스캔해보니 뇌는 두 경우 모두 같은 반응을 보였어요.*

이는 앞에서 보았던 것처럼 거울 뉴런이 일반적으로 감정이입에 의해 활성화된다는 발견과는 어긋나는 것이었어요.

*중국인 피실험자가 백인 유럽인의 같은 영상들을 보았을 때도, 같은 일이 반대 방향으로 일어났답니다.

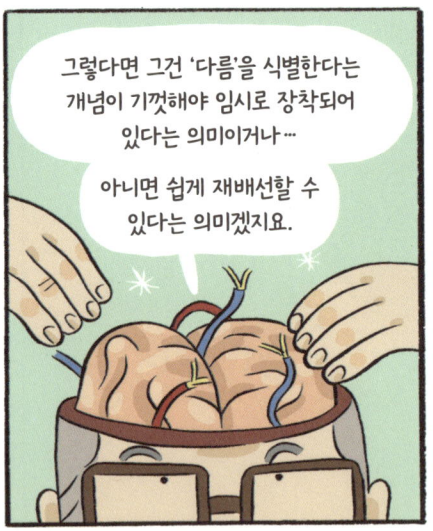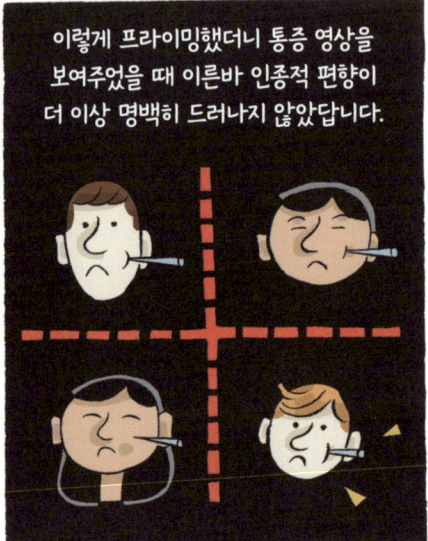

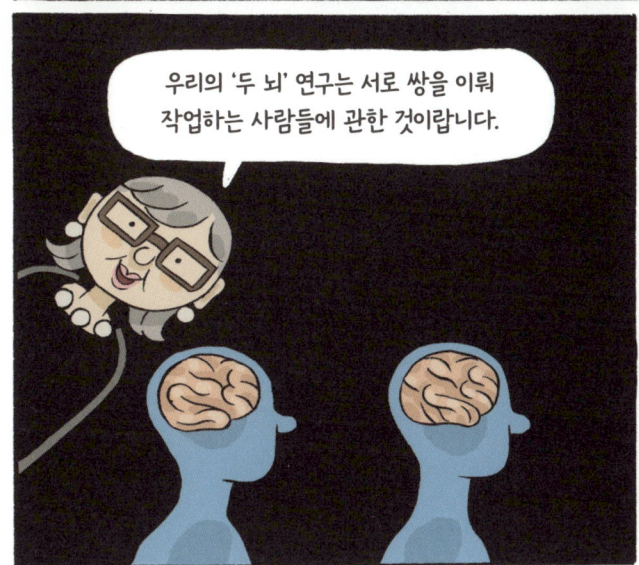

여기 우리가 너무 알리고 싶어 근질거리는 연구가 하나 있습니다. 4명으로 이루어진 무리에게 사건 기록 파일의 문서를 검토하여 살인 사건 미스터리를 풀어보게 한 것인데요.

이 연구에서 각 그룹은 처음에 세 명으로 시작했고, 이들이 함께 사건에 관해 의논했습니다.

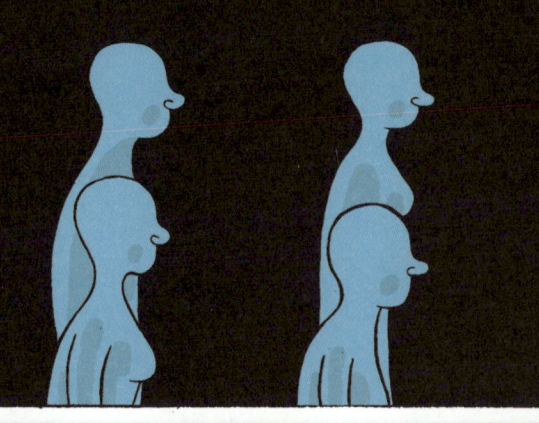
그러다가 또 한 사람을 무리에 가담시켰어요. 절반의 경우는 내집단 구성원, 또 절반은 외집단 구성원이었어요.

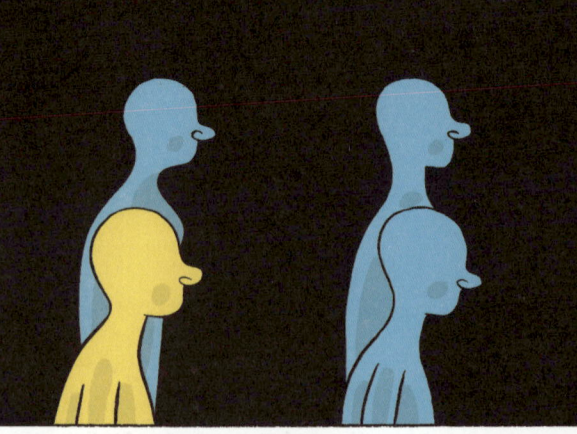
(실제 이 연구에서 내집단과 외집단은 미국 대학의 남학생회와 여학생회 회원들로 구분되었어요.)

각 그룹은 새로 온 사람에게 사건을 설명하고 파일을 검토할 기회를 주었답니다. 그런 다음 누가 살인자이며 그 이유가 무엇인지 함께 판단을 내려야 했죠.

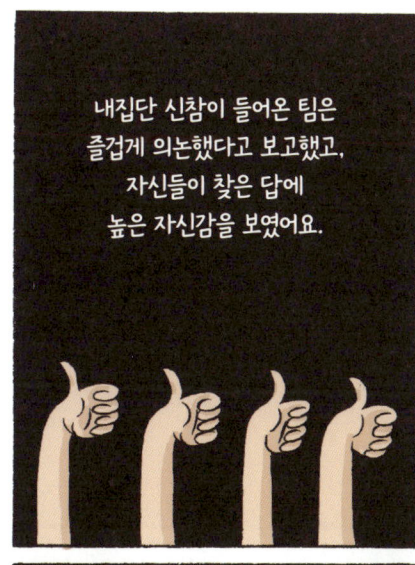
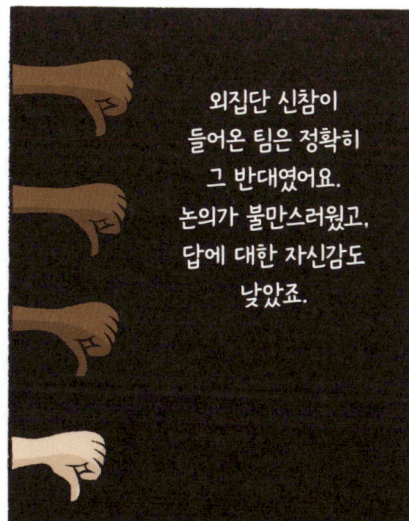

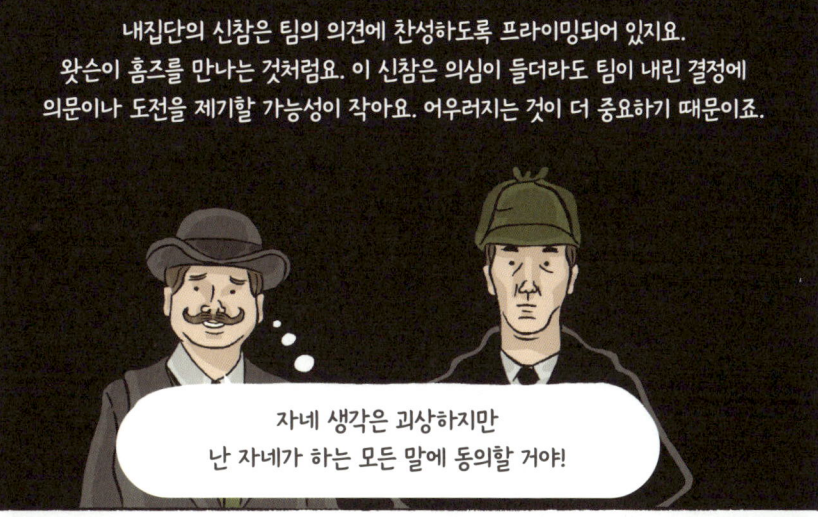

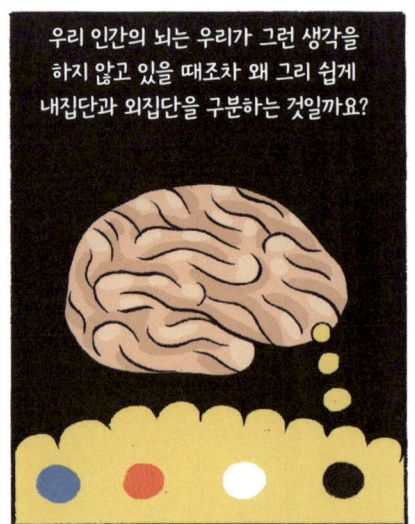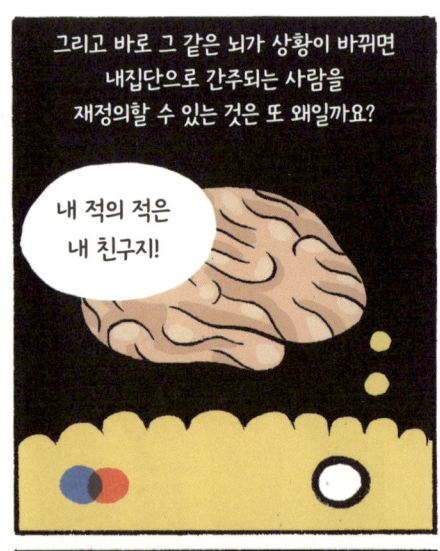

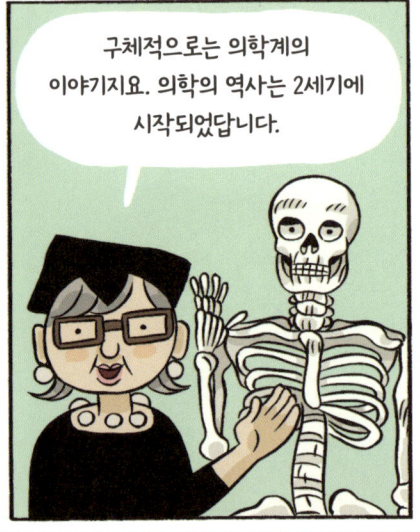

과학사

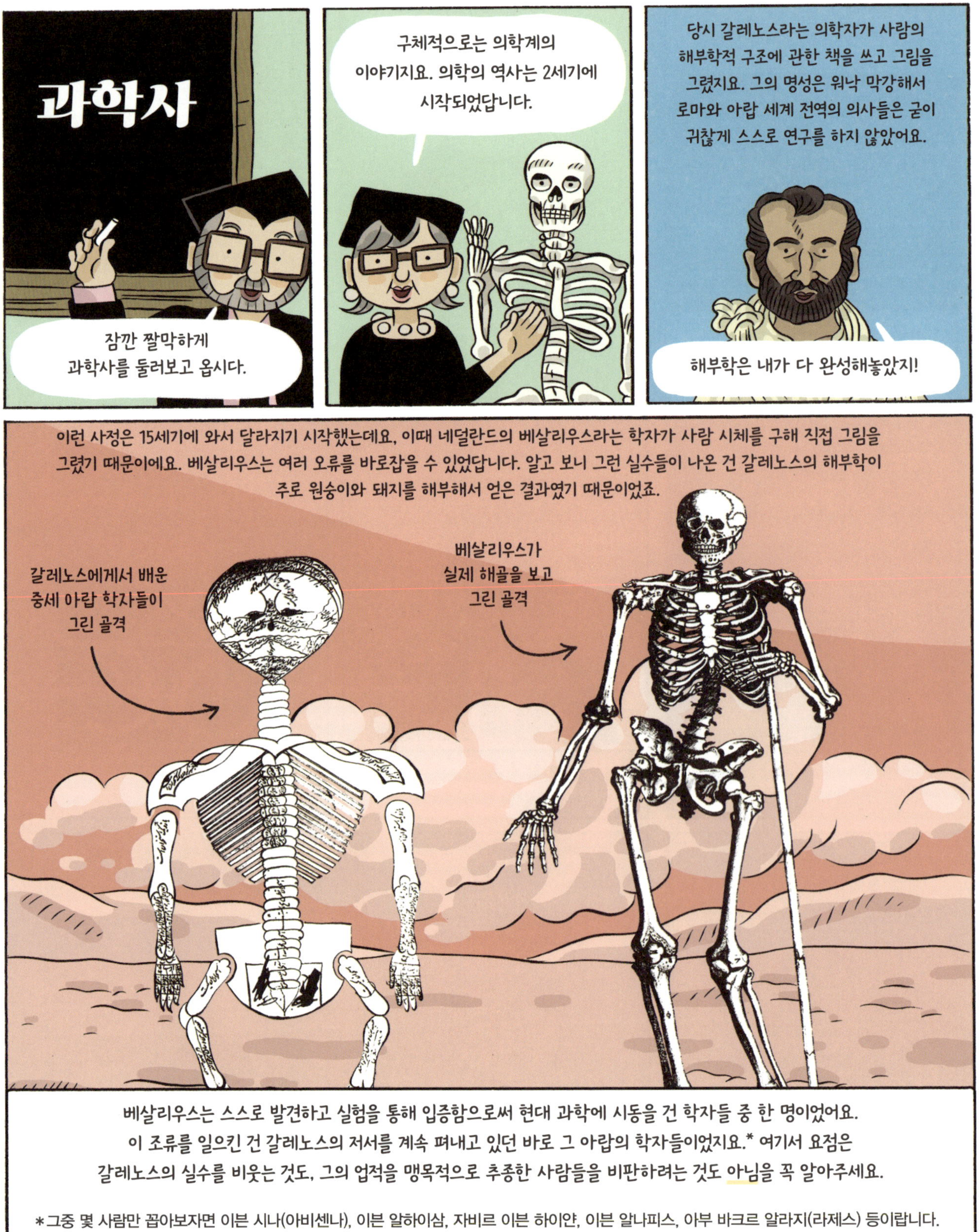

잠깐 짤막하게 과학사를 둘러보고 옵시다.

구체적으로는 의학계의 이야기지요. 의학의 역사는 2세기에 시작되었답니다.

당시 갈레노스라는 의학자가 사람의 해부학적 구조에 관한 책을 쓰고 그림을 그렸지요. 그의 명성은 워낙 막강해서 로마와 아랍 세계 전역의 의사들은 굳이 귀찮게 스스로 연구를 하지 않았어요.

해부학은 내가 다 완성해놓았지!

이런 사정은 15세기에 와서 달라지기 시작했는데요, 이때 네덜란드의 베살리우스라는 학자가 사람 시체를 구해 직접 그림을 그렸기 때문이에요. 베살리우스는 여러 오류를 바로잡을 수 있었답니다. 알고 보니 그런 실수들이 나온 건 갈레노스의 해부학이 주로 원숭이와 돼지를 해부해서 얻은 결과였기 때문이었죠.

← 갈레노스에게서 배운 중세 아랍 학자들이 그린 골격

← 베살리우스가 실제 해골을 보고 그린 골격

베살리우스는 스스로 발견하고 실험을 통해 입증함으로써 현대 과학에 시동을 건 학자들 중 한 명이었어요. 이 조류를 일으킨 건 갈레노스의 저서를 계속 펴내고 있던 바로 그 아랍의 학자들이었지요.* 여기서 요점은 갈레노스의 실수를 비웃는 것도, 그의 업적을 맹목적으로 추종한 사람들을 비판하려는 것도 아님을 꼭 알아주세요.

*그중 몇 사람만 꼽아보자면 이븐 시나(아비센나), 이븐 알하이삼, 자비르 이븐 하이얀, 이븐 알나피스, 아부 바크르 알라지(라제스) 등이랍니다.

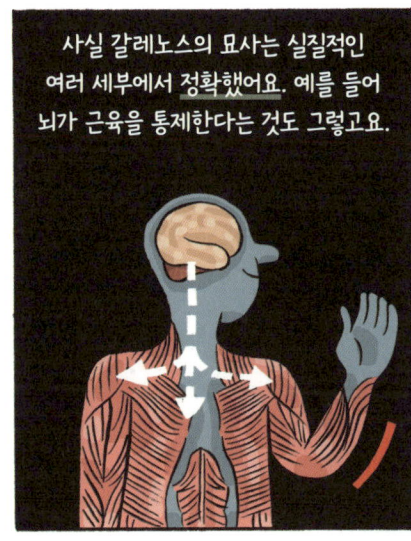

과학자들의 평판 수준을 측정할 수 있는 객관적인 방법도 있답니다.

바로 피인용지수라는 건데요, 간단히 말해서 어떤 사람이 출판한 논문이 다른 사람의 연구 논문에서 참고문헌으로 몇 번이나 인용되었는가 하는 거예요. (우리의 참고문헌 목록은 324쪽에서 볼 수 있답니다.)

다른 사람들에게 자신의 연구가 많이 언급될수록 평판이 더 높습니다.*

*물론 이 시스템도 오용되어 자기 인용을 하는 사례도 많으니 아주 신중하게 살펴야 해요.

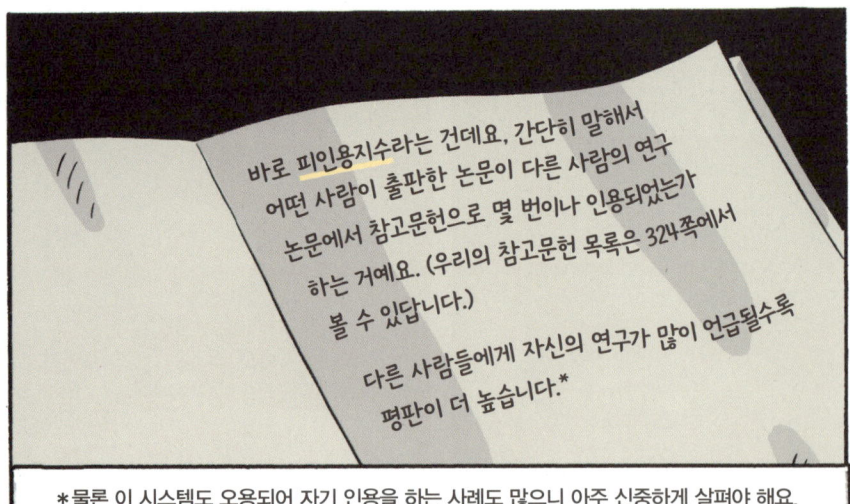

이제 뇌 이야기로 다시 돌아갑시다.

내집단과 외집단에 관한 이야기에서는 경쟁이 열쇠였지요.

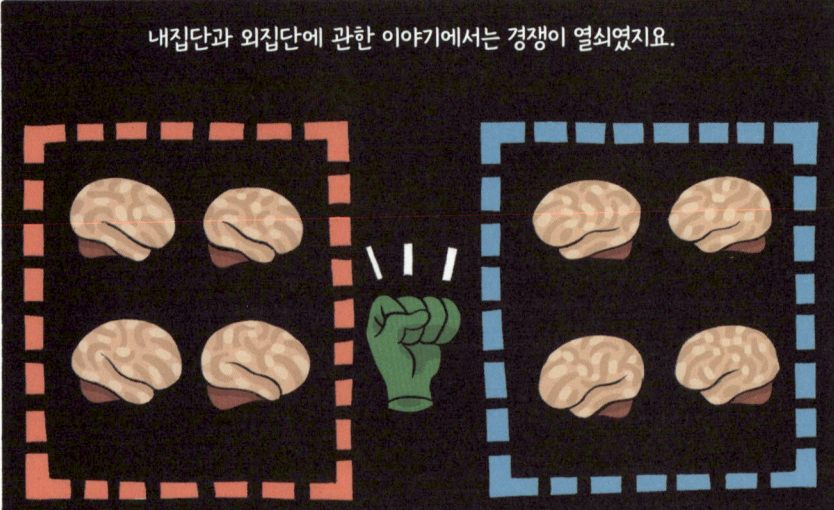

한 집단의 성공은 경쟁 상대인 집단과 겨룰 때 구성원들이 얼마나 잘 협동하는가에 달려 있어요.

하지만 한 집단 안에서 개인들끼리 경쟁할 때는 협동을 원하지 않습니다. 이긴 사람이 다 갖는 거죠!

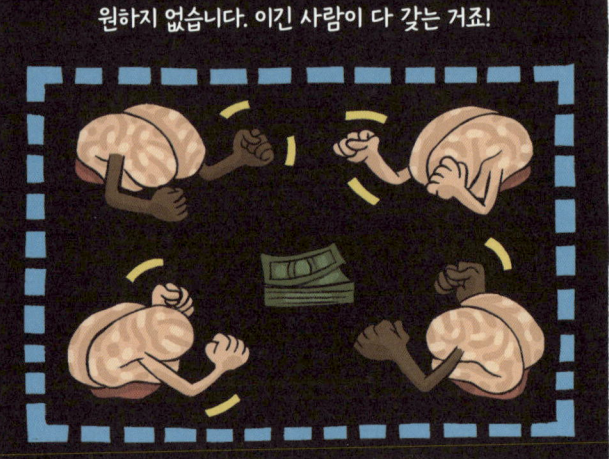

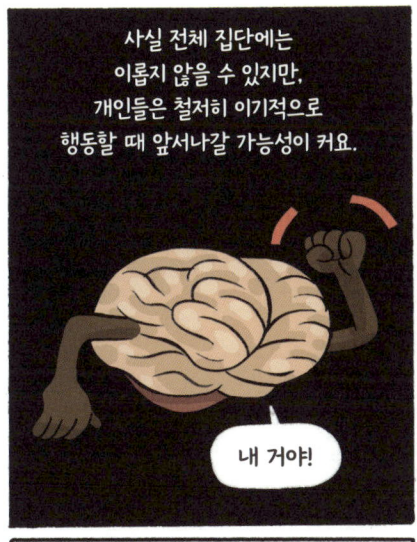
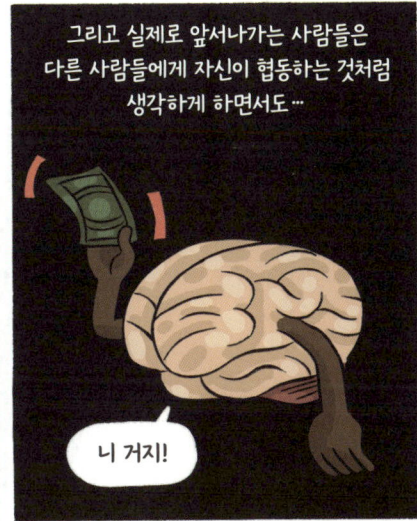
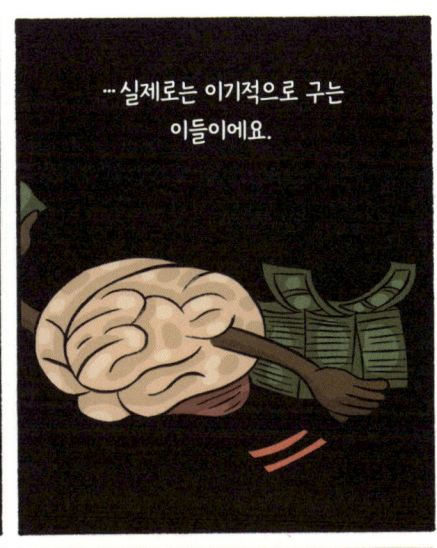

하지만 버그를 비롯한 연구자들은 1번 플레이어 중 한 푼도 내놓지 않은 이들은 약 11퍼센트뿐임을 알게 되었죠.
실제로 대부분의 1번 플레이어들은 가진 돈의 절반 이상을 내놓았답니다.

그리고 대부분의 2번 플레이어들은 한층 더 너그러웠어요. 실제로 게임은 꼭 1라운드에서 끝나지도 않았답니다.
어떤 실험들은 여러 명의 플레이어를 참여시키고 매번 짝을 바꿔가며 게임을 진행하기도 했죠.
이 버전에서는 플레이어들이 누가 너그럽게 할지 그러지 않을지를 알게 되지요.

신경과학자들은 사람들에게 이 게임을 하게 하면서 그들의 뇌를 스캔했답니다.

그랬더니 대조적인 두 영역에서 가장 많은 활동이 나타났어요.

꼬리핵과…

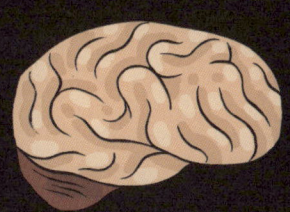

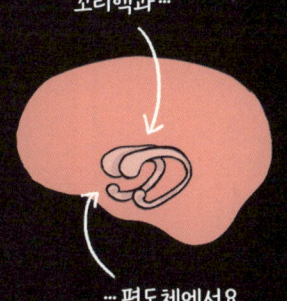

…편도체에서요.

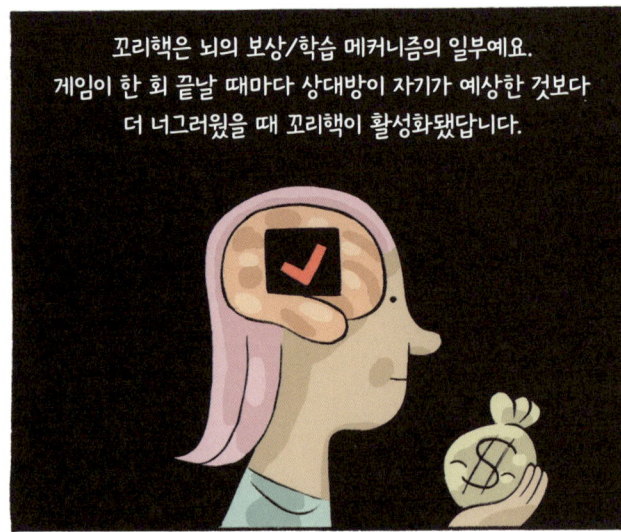

아이들은 각자 둘 중 한 가지를 선택할 수 있어요.

노래하며 춤추거나…
조용히 앉아서 색칠을 하는 거죠.

어린아이들은 315명 중 159명이 노래하고 춤추는 걸 선택했답니다.

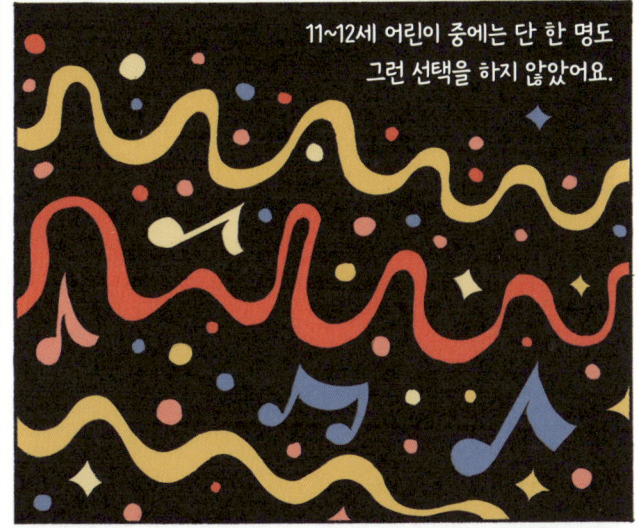

11~12세 어린이 중에는 단 한 명도 그런 선택을 하지 않았어요.

맞아요. 이유가 뭔지는 아주 분명해 보이죠.

창피를 당할까 두려운 거예요.

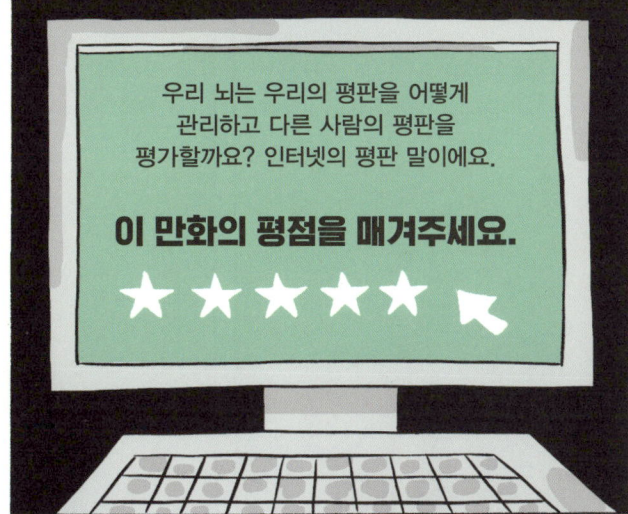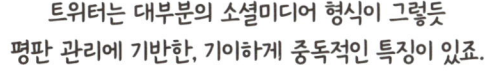

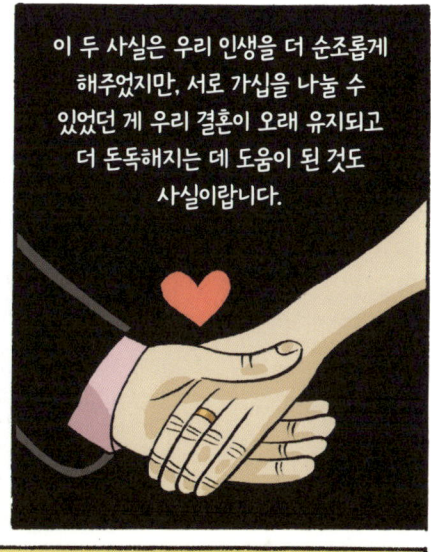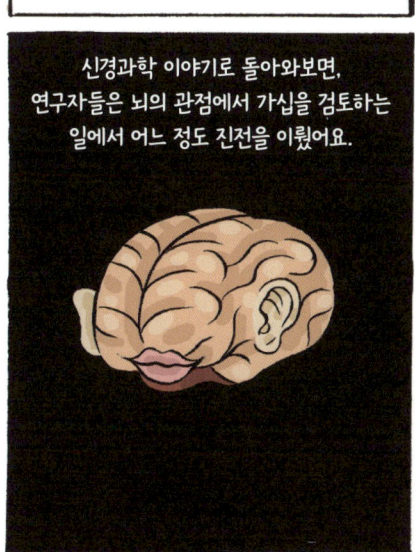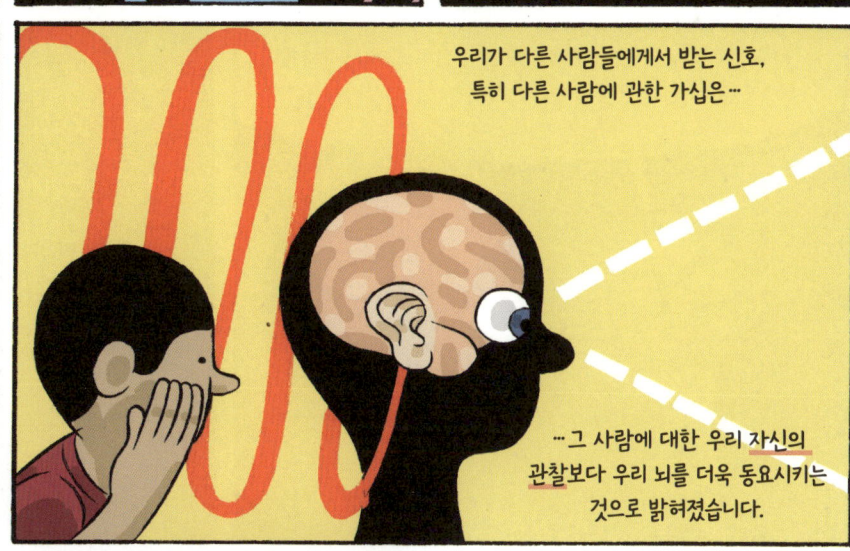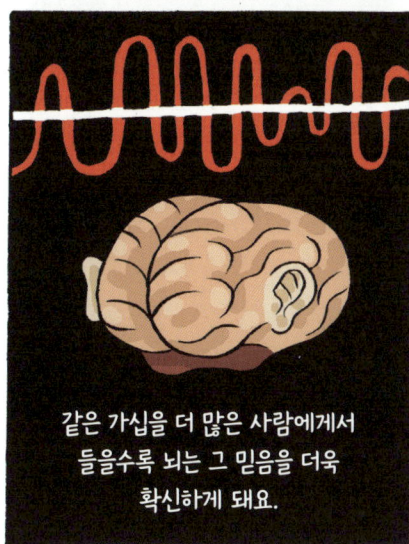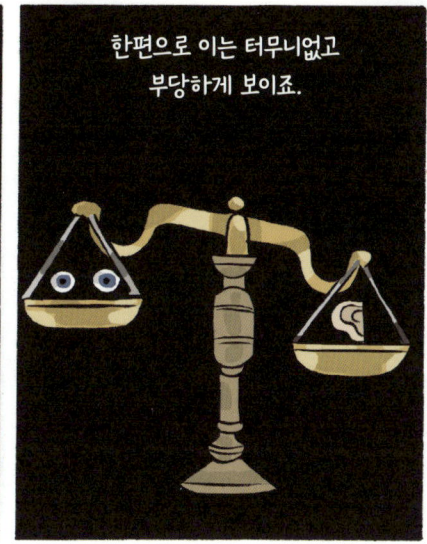

다른 한편으로 보면, 대부분의 가십은 결국 많은 사람에게서 듣게 되지요.

그러니까 우리 뇌는 여러 출처에서 얻은 정보가 한 출처(이 경우에는 자신)에서 얻은 정보보다 더 믿을 만하다고 판단하는 거라고 할 수 있어요.

꼬리핵 기억하시나요? 꼬리핵은 어떤 사람이 우리 자신에게 좋은 일을 해줄 때 그걸 알아차리고 기억하는 부분이랍니다.

적어도 <u>신뢰</u> 게임을 하는 동안에는 그랬어요.

2005년의 한 실험에서는 이 게임에 가십의 요소를 추가해 변화를 주었답니다.

참가자들은 게임을 하기 전에 상대방에 관한 정보가 적힌 용지를 받았어요.

이 정보는 상대가 매우 신뢰할 만한 사람이거나 신뢰 못할 사람이라는 쪽의 생각을 갖게 했죠.

놀랄 일도 아니지만 이는 사람들이 게임을 플레이하는 방식에 영향을 미쳤고, 사람들은 신뢰할 수 있는 사람에게 더 너그럽게 행동했답니다.

발견된 사실은 두 가지예요.

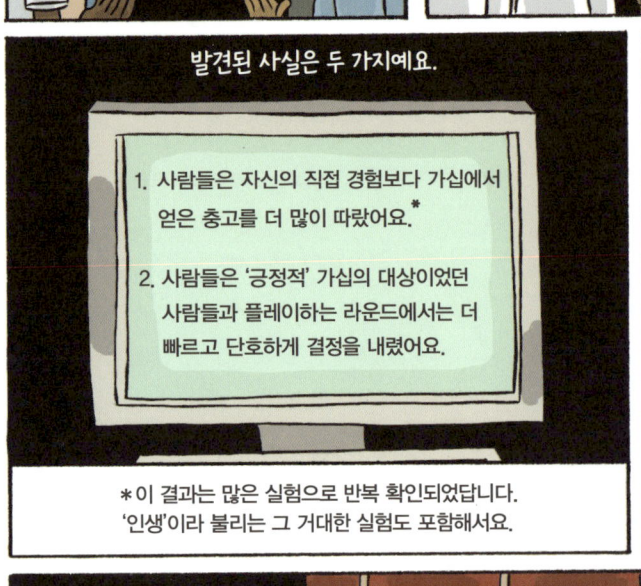

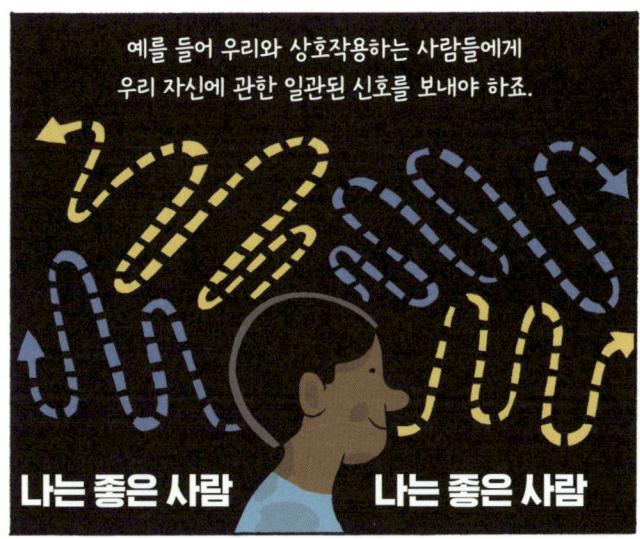
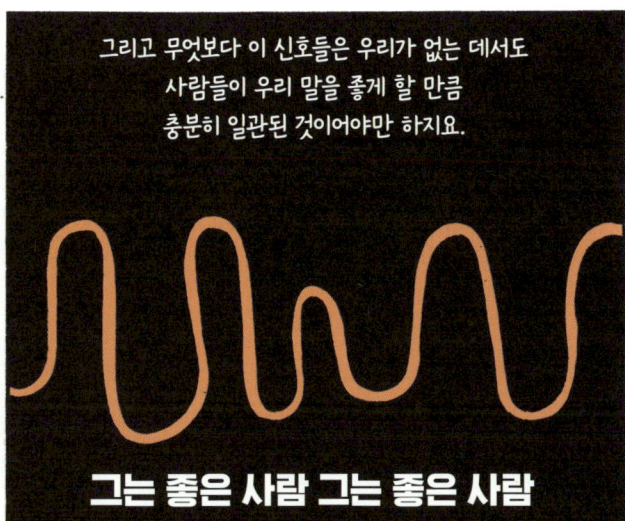

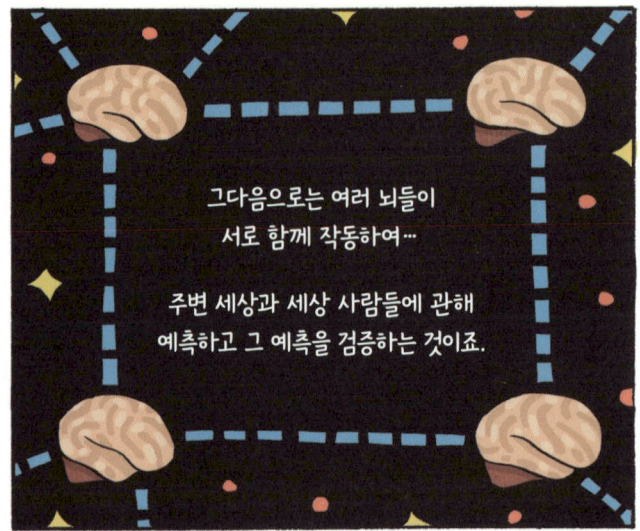

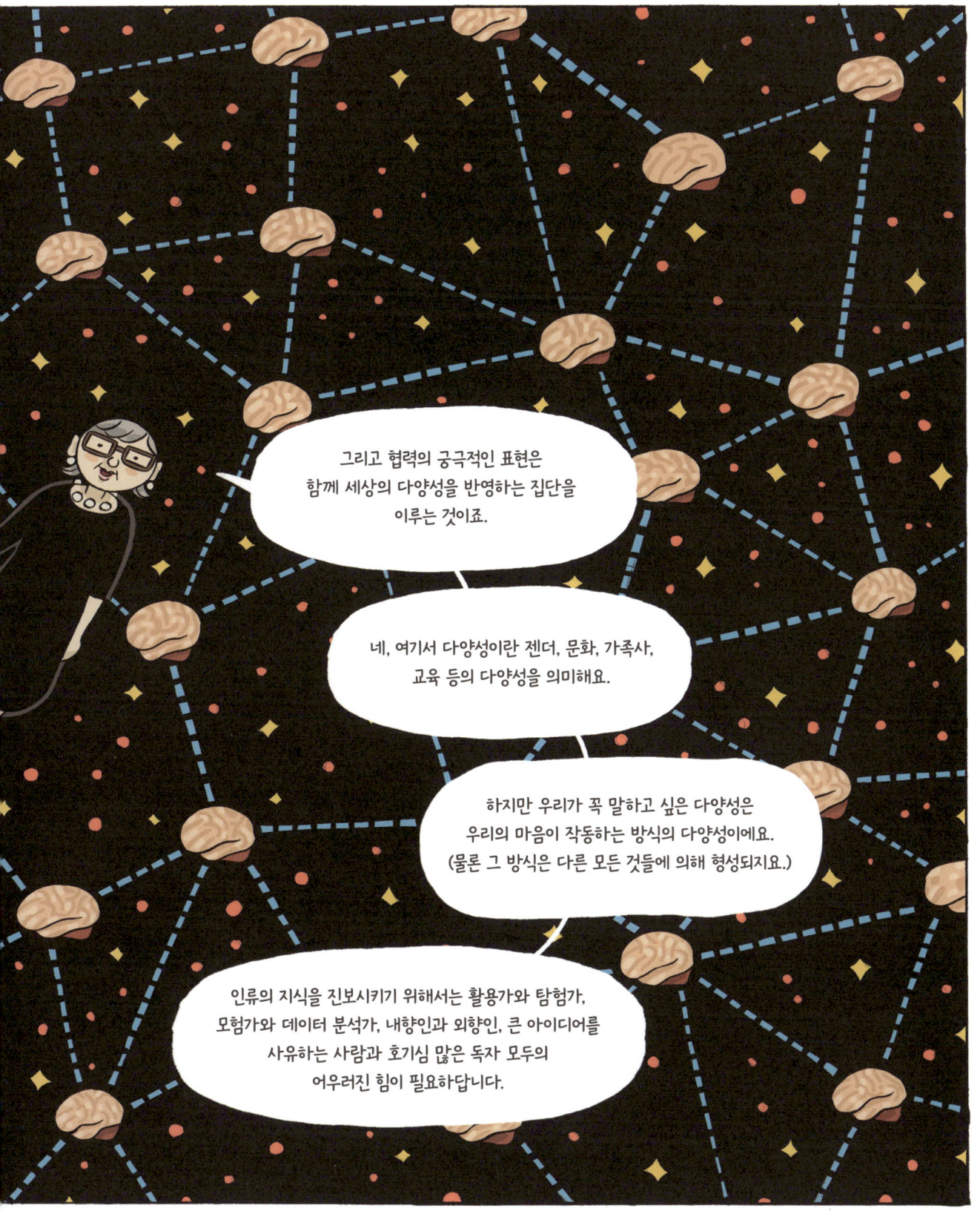

에필로그

프리스 부부의 파티에 오세요

감사의 말

이 책을 만드는 과정에 또 다른 협력의 층위를 더해주어 우리를 더 좋은 결과로 인도해준 해나 채터와 에밀리 프리스에게 특별한 감사를 표합니다.

크리스와 우타가 감사드리고 싶은 분들:

우리가 아이디어를 전개하는 과정에서 너무나 중요한 논의와 도움을 보태준
모든 슈퍼 영웅들께 감사의 마음을 전하고 싶습니다.
그중 이 책에 등장한 분들도 많지만, 만화로 모습을 만나보지 못해 무척 아쉬운 분들 중
여기서 몇 분이라도 꼭 언급하고 싶네요.

(이 책을 쓸 아이디어를 불어넣어준) 프레데리크 드 비네몽

(우리의 아이디어들을 비평해준) 피에르 자콥

(우리가 커뮤니케이션에 관해 생각하게 해준) 댄 스퍼버

(이 책의 아이디어를 탄생시킨 영감의 원천인 《로지코믹스》의 작가) 아포스톨로스 독시아디스

(인지 연구를 위한 지적 환경을 만들어준) 존 모턴

(우리에게 문화 진화 문제를 설명하라고 충고해준) 세실리아 헤이스

(조현병과 전기경련요법 사용에 관해 조언해준) 폴 플레처

(재현성 위기에 관해 조언해준) 도로시 비숍

(우리의 뇌영상 연구를 가능하게 해준) 리처드 프래코위악

(우리에게 뇌의 해부학적 구조를 가르쳐준) 딕 패싱엄

(유아 발달에 관해 가르쳐준) 게르게이 치브러

(확신 정도 모니터링의 기반을 꿰뚫어본) 스티븐 플레밍

(컴퓨테이셔널 모델링에 관해 가르쳐준) 톰 베런스

(우리에게 평판 관리를 소개해준) 클라우디오 테니

(신체와 뇌에 관해 가르쳐준) 미카 앨런

(활기찬 토론 환경을 제공해준) 배리 스미스

앨릭스가 감사드리고 싶은 분들:

이 프로젝트를 추진하도록 허락해준 제니 타일러와 어스본 출판사.
그리고 나를 더 나은 작가로 만들어준 제인 치점에게 특별한 감사를 표합니다.
항상 컴퓨터에만 붙어 있는 나에게 짜증을 부리지 않았던 벤과 로완에게,
그리고 이 와중에도 어떻게든 태어나준 홀리에게 감사합니다.

댄이 감사드리고 싶은 분들:

이 책을 만드는 동안 나의 친구가 된, 마음 넓은 나의 협업 파트너 앨릭스.
나에게 지지와 피드백, 환대와 친절함을 보여준, 탁월한 뇌의 소유자들인 우타와 크리스.

'벌떼의 마음' 팀이 함께 감사드리고 싶은 분들:

원고가 절반만 완성되었고 아직 색칠도 되지 않았을 때부터 이 책에 열성을 보여준 패트릭 월시.
이 책을 지지하고 옹호해준 퓨 리터러리 에이전시의 존 애시와 마거릿 핼턴.
장과 장을 이어주는 연결의 맥락을 찾도록 도와준 앨릭스 루벤.
이 책을 더 조리 있고 재미있게 만들어준 스크리브너의 세라 골드버그와 대니얼 뢰델.
여러 난관에도 끝까지 잘 헤치고 나가도록 굳건하고 차분하게 이끌어준 캐스린 벨든과 레베카 제트.
블룸스버리 출판사의 알렉시스 커시바움과 재스민 호시.

참고문헌

그렇게 안 보일지도 모르지만, 사실 우리는 제대로 된 학술서를 의도하고 이 책을 만들었답니다. 본문에서 설명한 연구는 모두 실제 연구이며, 모든 발견은 다양한 논문과 저널, 저서를 통해 발표된 내용이에요. 그중 그래픽 노블에 실렸던 내용이 없는 것은 애석하네요. 아무튼 여기 그 출처들을 장별로 모아놓았습니다. (종이가 모자랄까 봐 작은 글씨로 썼어요.)

프롤로그

8 뇌가 어떻게 작동하는지 이해하는 사람은 아무도 없다는 말: 이 말에 대한 훌륭한 정당화는 다음 책에서 찾아볼 수 있어요. Matthew Cobb, *The Idea of the Brain: The Past and Future of Neuroscience* (Basic Books, 2020). 매튜 코브, 《뇌과학의 모든 역사》, 이한나 옮김(심심, 2021).

15 몸의 영향을 받는 마음: S. Gallagher, *How the Body Shapes the Mind* (Oxford: Clarendon Press, 2006).

17 데카르트: "확실한 것은 내가 실제로 나의 몸과는 별개의 존재이며, 몸 없이도 존재할 수 있다는 것이다." René Descartes, *Meditations on First Philosophy*, Meditation VI, 9 (1641). 르네 데카르트, 《(제일철학에 관한) 성찰》.

17 이원론이 우리 모두에게 자연스럽게 느껴진다는 말: A.I. Jack, A.J. Dawson, K.L. Begany, R.L. Leckie, K.P. Barry, A.H. Ciccia, and A.Z. Snyder, "fMRI reveals reciprocal inhibition between social and physical cognitive domains," *NeuroImage* (2013), 66: 385–401.

20 뇌가 사용하는 에너지: M.E. Raichle and D.A. Gusnard, "Appraising the brain's energy budget," *Proc Natl Acad Sci USA* (2002), 99(16): 10237–39.

21 스트레스를 예상하여 분비되는 호르몬: J.W. Mason, L.H. Hartley, T.A. Kotchen, E.H. Mougey, P.T. Ricketts, and L.G. Jones, "Plasma cortisol and norepinephrine responses in anticipation of muscular exercise," *Psychosom Med* (1973), 35(5): 406–14.

1장

24 갈바니: 위키피디아를 보세요.

25 학습은 뇌의 연결들을 다듬고 뉴런의 가지치기를 하는 과정이라는 말: S.-J. Blakemore and U. Frith, *The Learning Brain: Lessons for Education* (Oxford: Wiley-Blackwell, 2005). 사라 제인 블랙모어, 우타 프리스, 《뇌, 1.4킬로그램의 배움터》, 손영숙 옮김(해나무, 2009).

25 상상을 통한 실력 향상: D.L. Feltz and D.M. Landers, "The effects of mental practice on motor skill learning and performance: A meta-analysis," *J Sport Psychol* (1983), 5: 27–57.

27 벌들의 의사결정과 뉴런의 의사결정 사이 유사성: T.D. Seeley and P.K. Visscher, "Group decision making in nest-site selection by honey bees," *Apidologie* (2004), 35(2): 101–16. T.D. Seeley, P.K. Visscher, T. Schlegel, P.M. Hogan, N.R. Franks, and J.A.R. Marshall, "Stop Signals Provide Cross Inhibition in Collective Decision-Making by Honeybee

Swarms," *Science* (2012), 335(6064): 108–11.

"의사결정의 신경 모델에서는 통합 개체군들 사이의 교차 억제가 효과적 의사결정에 대단히 중요하며, 어떤 상황에서는 최적의 결정을 내릴 수 있게 해주는 것으로 드러났다. 여기서 본 바와 같이 꿀벌 떼에도 존재하는 통합 개체군 간의 교차 억제는 성공적인 결정을 내리는 데 매우 중요하다. 이 두 가지 서로 다른 의사결정 시스템(뉴런들로 이루어진 뇌와 벌들로 이루어진 벌떼)의 기능적 조직에서 보이는 놀라운 공통점의 바탕에는 대단히 신뢰할 수 있는 의사결정 전략을 실행하는 능력이 있다고 생각하고 싶다."

29 시각과 예상: C.D. Frith, *Making Up the Mind: How the Brain Creates Our Mental World* (Oxford: Blackwell, 2007). 크리스 프리스, 《인문학에게 뇌과학을 말하다》, 장호연 옮김(동녘사이언스, 2009).

30 음영이 만드는 형태: V.S. Ramachandran, "Perception of shape from shading," *Nature* (1988), 331: 163.

32 베이즈의 논문: T. Bayes and R. Price, "An Essay towards Solving a Problem in the Doctrine of Chances. By the Late Rev. Mr. Bayes, F.R.S. Communicated by Mr. Price, in a Letter to John Canton, A.M.F.R.S.," *Philosophical Transactions of the Royal Society of London* (1763), 53: 370–418.

재판: T. Bayes, "Studies in the History of Probability and Statistics: IX. Thomas Bayes' Essay Towards Solving a Problem in the Doctrine of Chances," *Biometrika* (1763/1958), 45(3 & 4): 296–315.

33 K. Friston, "The free-energy principle: a unified brain theory?" *Nat Rev Neurosci* (2010), 11(2): 127–38. Gregory Huang, "Is This a Unified Theory of the Brain?" *New Scientist*, May 23, 2008. J. Hohwy, *The Predictive Mind* (Oxford: Oxford University Press, 2013).

2장

38 사전확률: B.J. Scholl, "Innateness and (Bayesian) visual perception: Reconciling nativism and development," in *The Innate Mind: Structure and Contents*, ed. P. Carruthers, S. Laurence, and S. Stich (Oxford: Oxford University Press, 2005), 34–52.

40 택시 운전사의 뇌: E.A. Maguire, D.G. Gadian, I.S. Johnsrude, C.D. Good, J. Ashburner, R.S. Frackowiak, and C.D. Frith, "Navigation-related structural change in the hippocampi of taxi drivers," *Proc Natl Acad Sci USA* (2000), 97(8): 4398–403.

은퇴의 효과: K. Woollett, H.J. Spiers, and E.A. Maguire, "Talent in the taxi: a model system for exploring expertise," *Philos Trans R Soc Lond B Biol Sci* (2009), 364(1522): 1407–16.

42 감각 대체: P. Bach-y-Rita, C.C. Collins, F.A. Saunders, B. White, and L. Scadden, "Vision Substitution by Tactile Image Projection," *Nature* (1969), 221: 963. N. Twilley, "Seeing with Your Tongue," *New Yorker*, 15 May 2017.

46 에두아르 클라파레드: E. Claparède, "Reconnaissance et moitié [Recognition and "me-ness"]," *Archives de Psychologie Genève*, II (1911): 79–90.

47 증상의 예: C.S. Mellor, "First rank symptoms of schizophrenia," *British Journal of Psychiatry* (1970), 117: 15–23.

3장

52 여러 종류의 학습(연상 학습): 이 주제에 대해서는 누군가 짧은 리뷰를 쓸 필요가 있어 보이네요. (우리 부부가 쓰고 MIT 프레스에서 곧 출간될 *What Makes Us Social?*이란 책의 12장에서 그런 글을 찾아볼 수 있을 거예요.)

52 스타터 키트: U. Frith, "Are there innate mechanisms that make us social beings?" in *Neurosciences and the Human*

Person: New Perspectives on Human Activities*, Pontifical Academy of Sciences, *Scripta Varia* 121 (Vatican City, 2013).

53 초기의 흐린 시각이 얼굴 인식 감지에 도움이 된다는 이야기: L. Vogelsang, S. Gilad-Gutnick, E. Ehrenberg, A. Yonas, S. Diamond, R. Held, and P. Sinha, "Potential downside of high initial visual acuity," *Proceedings of the National Academy of Sciences* (2018), 115: 11333-38.

53 신생아가 사람 얼굴을 알아본다는 이야기: M.H. Johnson, S. Dziurawiec, H. Ellis, and J. Morton, "Newborns' preferential tracking of face-like stimuli and its subsequent decline," *Cognition* (1991), 40(1-2): 1-19.

53 방추형 얼굴 영역: N. Kanwisher and G. Yovel, "The fusiform face area: a cortical region specialized for the perception of faces," *Philos Trans R Soc Lond B Biol Sci* (2006), 361(1476): 2109-28.

54 남들이 자기를 좋아하기를 바라기 때문에 모방한다는 이야기: T.L. Chartrand and J.A. Bargh, "The chameleon effect: the perception-behavior link and social interaction," *J Pers Soc Psychol* (1999), 76(6): 893-910.

55 아타리 게임 플레이를 배우는 컴퓨터: V. Mnih, K. Kavukcuoglu, D. Silver, A.A. Rusu, J. Veness, M.G. Bellemare, A. Graves, M. Riedmiller, A.K. Fidjeland, G. Ostrovski, et al., "Human-level control through deep reinforcement learning," *Nature* (2015), 518, 529.

56 사람 및 기계에게 모방이 주는 이점: L. Rendell, R. Boyd, D. Cownden, M. Enquist, K. Eriksson, M.W. Feldman, L. Fogarty, S. Ghirlanda, T. Lillicrap, and K.N. Laland, "Why copy others? Insights from the social learning strategies tournament," *Science* (2010), 328: 208-213.

58 초파리의 모방: F. Mery, S.A. Varela, E. Danchin, S. Blanchet, D. Parejo, I. Coolen, and R.H. Wagner, "Public versus personal information for mate copying in an invertebrate," *Curr Biol* (2009), 19: 730-34.

59 행위자 탐지: Detection of agents: B.J. Scholl and P.D. Tremoulet, "Perceptual causality and animacy," *Trends Cogn Sci* (2000), 4: 299-309.

60 시선 따라가기: K. Zuberbühler, "Gaze following," *Curr Biol* (2008), 18: R453-55.

61 사람 눈의 흰자위: H. Kobayashi and S. Kohshima, "Unique morphology of the human eye," *Nature* (1997), 387: 767-68.

62 시선 따라가기: T. Farroni, S. Massaccesi, D. Pividori, and M.H. Johnson, "Gaze following in newborns," *Infancy* (2004), 5: 39-60.

63 사케 따르기: 술 따르기의 가장 기본적인 에티켓을 오샤쿠(お酌)라고 합니다. 오샤쿠의 핵심 원칙은 다른 사람들에게 술을 따라주는 것은 가장 예의 바른 일로 간주되며 자기 술은 절대 자기가 따르면 안 된다는 거예요.

66 자유로운 즉흥 연주의 예: 즉흥곡 "New York 1981", Bill Laswell, Sonny Sharrock, Derek Bailey, Fred Frith, and John Zorn (MuWorks Records), https://www.youtube.com/watch?v=h8qex2ODYnM.

67 조지 루이스의 보이저 프로그램: Synthesizer: Rainbow Family (telefilm, IRCAM, Paris, 1984), https://www.anthropocene-curriculum.org/contribution/5-rainbow-family. Piano: "Interactive Trio," Geri Allen, piano; George Lewis, trombone; interactive computer pianist, http://leccap.engin.umich.edu/leccap/view/7td666n16oht47labax/15205.

68 웃음 듣기: G.A. Bryant, D.M.T. Fessler, R. Fusaroli, et al. "Detecting affiliation in co-laughter across 24 societies," *Proceedings of the National Academy of Sciences* (2016), 113: 4682-87.

70 웃음은 사회적 접착제: S.K. Scott, N. Lavan, S. Chen, and C. McGettigan, "The social life of laughter," *Trends Cogn Sci* (2014), 18: 618-20.

72 눈에 담긴 마음 알아보기 테스트: S. Baron-Cohen, S. Wheelwright, J. Hill, Y. Raste, and I. Plumb, "The 'Reading the Mind in the Eyes' Test Revised Version: A Study with Normal Adults, and Adults with Asperger Syndrome or High-functioning Autism," *Journal of Child Psychology and Psychiatry and Allied Disciplines* (2001), 42: 241-51.

4장

76 인간에게만 특유한 가르침: M.A. Kline, "How to learn about teaching: An evolutionary framework for the study of teaching behavior in humans and other animals," *Behavioral and Brain Sciences* (2015), 38, e31.

76 돌고래의 이름 부르기: S.L. King and V.M. Janik, "Bottlenose dolphins can use learned vocal labels to address each other," *Proceedings of the National Academy of Sciences of the United States of America* (2013), 110: 13216–21.

77 모방을 통한 침팬지의 배움: A. Whiten, "Imitation of the sequential structure of actions by chimpanzees (Pan troglodytes)," *J Comp Psychol* (1998), 112: 270–81.

77 미어캣들의 가르침: A. Thornton and K. McAuliffe, "Teaching in wild meerkats," *Science* (2006), 313: 227–29.

78 어린이의 과잉모방: D.E. Lyons, A.G. Young, and F.C. Keil, "The hidden structure of overimitation," *Proc Natl Acad Sci USA* (2007), 104: 19751–56.

79 성인의 과잉모방: N. McGuigan, J. Makinson, and A. Whiten, "From over-imitation to super-copying: Adults imitate causally irrelevant aspects of tool use with higher fidelity than young children," *Br J Psychol* (2011), 102, 1–18.

79 침팬지의 과잉모방: V. Horner and A. Whiten, "Causal knowledge and imitation/emulation switching in chimpanzees (Pan troglodytes) and children (Homo sapiens)," *Anim Cogn* (2005), 8: 164–81.

80 M. McDougall, "Imitation, Play, and Habit," Chapter 15 in *An Introduction to Social Psychology*, rev. ed. (Boston: John W. Luce, 1926), 332–58.

80 자폐와 과잉모방: L. Marsh, A. Pearson, D. Ropar, and A. Hamilton, "Children with autism do not overimitate," *Curr Biol* (2013), 23: R266–68.

81 아스퍼거 증후군: U. Frith, "Asperger and his syndrome," *Autism and Asperger Syndrome* (1991), 14: 1–36.

81 자폐의 특징: U. Frith, *Autism: Explaining the Enigma* (Oxford: Blackwell, 1989).

82 L. Wing, "The autistic spectrum," *The Lancet* (1997), 350: 1761–66.

85 B. Hermelin and N. O'Connor, *Psychological Experiments with Autistic Children* (Oxford: Pergamon Press, 1970).

86 척하기 놀이(가장놀이): A.M. Leslie, "Pretence and representation: The origins of 'theory of mind,'" *Psychological Review* (1987), 94: 412–26.

86 자폐 어린이는 척하기 놀이를 하지 않는다는 이야기: L. Wing, J. Gould, S.R. Yeates, and L.M. Brierley, "Symbolic Play in Severely Mentally Retarded and in Autistic Children," *Journal of Child Psychology and Psychiatry* (1977), 18: 167–78.

88 H. Wimmer and J. Perner, "Beliefs About Beliefs—Representation and Constraining Function of Wrong Beliefs in Young Children's Understanding of Deception," *Cognition* (1983), 13: 103–28.

89 배런코언: S. Baron-Cohen, A.M. Leslie, and U. Frith, "Does the autistic child have a 'theory of mind'?", *Cognition* (1985), 21: 37–46.

91 아그네스 코바치: Á.M. Kovács, E. Téglás, and A.D. Endress, "The social sense: susceptibility to others' beliefs in human infants and adults," *Science* (2010), 330: 1830–34.

92 암묵적 마음 이론과 자폐: A. Senju, V. Southgate, S. White, and U. Frith, "Mindblind eyes: an absence of spontaneous theory of mind in Asperger syndrome," *Science* (2009), 325: 883–85.

93 보이지 않는 두려움에 대한 '감정이입': P.J. Whalen, S.L. Rauch, N.L. Etcoff, S.C. McInerney, M.B. Lee, and M.A. Jenike, "Masked presentations of emotional facial expressions modulate amygdala activity without explicit knowledge," *J Neurosci* (1998), 18: 411–18.

93 혐오에 대한 '감정이입': B. Wicker, C. Keysers, J. Plailly, J.P. Royet, V. Gallese, and G. Rizzolatti, "Both of us disgusted in My insula: the common neural basis of seeing and feeling disgust," *Neuron* (2003), 40: 655–64.

93 본능적(자동적)으로 시선 따라가기: A.P. Bayliss and S.P. Tipper, "Predictive gaze cues and personality judgments: Should eye trust you?", *Psychol Sci* (2006), 17: 514–20.

93 자폐의 감정과 감정이입: A.P. Jones, F.G.E. Happé, F. Gilbert, S. Burnett, and E. Viding, "Feeling, caring, knowing: different types of empathy deficit in boys with psychopathic tendencies and autism spectrum disorder," *Journal of Child Psychology and Psychiatry* (2010), 51: 1188–97.

94 행동유도성: P. Cardellicchio, C. Sinigaglia, and M. Costantini, "Grasping affordances with the other's hand: A TMS study," *Social Cognitive and Affective Neuroscience* (2013), 8: 455–59.

95 우리 모드: M. Gallotti and C.D. Frith, "Social cognition in the we-mode," *Trends Cogn Sci* (2013), 17: 160–65.

95 A. Iriki, M. Tanaka, and Y. Iwamura, "Coding of modified body schema during tool use by macaque postcentral neurones," *Neuroreport* (1996), 7: 2325–30.

5장

100 감정이입의 뇌 기반: B.C. Bernhardt and T. Singer, "The neural basis of empathy," *Annu Rev Neurosci* (2012), 35: 1–23.

102 리촐라티와 거울 뉴런: G. Rizzolatti and L. Craighero, "The mirror-neuron system," *Annu Rev Neurosci* (2004), 27: 169–92.

102 제이미 워드, 거울-촉각 공감각: S.-J. Blakemore, D. Bristow, G. Bird, C. Frith, and J. Ward, "Somatosensory activations during the observation of touch and a case of vision-touch synaesthesia," *Brain* (2005), 128: 1571–83. 워드의 책 *The Student's Guide to Cognitive Neuroscience* (Hove, UK: Psychology Press, 2015)도 읽어보세요.

104 거울 뉴런 스위치 끄기: K.A. Cross, S. Torrisi, E.A.R. Losin, and M. Iacoboni, "Controlling automatic imitative tendencies: Interactions between mirror neuron and cognitive control systems," *Neuroimage* (2013), 83: 493–504.

105 헛팔다리의 감각: V.S. Ramachandran and W. Hirstein, "The perception of phantom limbs. The D. O. Hebb lecture," *Brain* (1998), 121: 1603–30.

105 고무손 착각: M. Botvinick and J. Cohen, "Rubber hands 'feel' touch that eyes see," *Nature* (1998), 391: 756.

107 Johannes Müller, "Law of specific nerve energies," *Handbuch der Physiologie des Menschen für Vorlesungen*. (Coblenz: J. Hölscher, 1840).

107 안구에 압력을 가하여 빛 보기: C.W. Tyler, "Some new entoptic phenomena," *Vision Res* (1978), 18: 1633–39. (우리가 인터넷을 검색해보았더니, 압력에 의한 안내섬광眼內閃光 현상에 관한 글을 최초로 쓴 사람은 헬름홀츠라고 하는군요.)

108 신경전도 속도: H. Helmholtz, "Vorläufiger Bericht über die Fortpflanzungs-Geschwindigkeit der Nervenreizung," in *Archiv für Anatomie, Physiologie und wissenschaftliche Medicin. Jg. 1850* (Berlin: Veit & Comp., 1850), 71–73. (위키피디아에 헬름홀츠에 대한 좋은 소개 페이지가 있네요.)

108 빌헬름 분트: 위키피디아를 보세요.

108 파블로프: 위키피디아에서 이반 파블로프 항목과 고전적 조건형성 항목을 보세요.

110 골지: 위키피디아를 보세요.

110 라몬 이 카할: 위키피디아를 보세요.
E.A. Newman, A. Araque, and J.M. Dubinsky, *The Beautiful Brain: The Drawings of Santiago Ramón y Cajal* (New York: Abrams, 2017).
라몬 이 카할의 뉴런에 관한 학설을 공격하는 골지의 노벨상 수상 강연: https://www.nobelprize.org/nobel_prizes/medicine/laureates/1906/golgi-lecture.pdf.

112 브로카: N.F. Dronkers, O. Plaisant, M.T. Iba-Zizen, and E.A. Cabanis, "Paul Broca's historic cases: high resolution MR imaging of the brains of Leborgne and Lelong," *Brain* (2007), 130: 1432-41.

113 이노우에: M. Glickstein and D. Whitteridge, "Tatsuji Inouye and the mapping of the visual fields on the human cerebral cortex," *Trends in Neurosciences* (1987), 10: 350-53.

114 I.H. Hyde, "A micro-electrode and unicellar stimulation," *Biol Bull* (1921), 40: 130-33.

114 엘리자베스 워링턴: R.A. McCarthy and E.K. Warrington, *Cognitive Neuropsychology* (London: Academic Press, 1990).

115 브렌다 밀너: B. Milner, S. Corkin, and H.L. Teuber, "Further analysis of the hippocampal amnesic syndrome: 14-year follow-up study of H.M.," *Neuropsychologia* (1968), 6: 215-34.

116 B. Milner, "Some cognitive effects of frontal-lobe lesions in man," *Philos Trans R Soc Lond B Biol Sci* (1982), 298: 211-26.

116 노버트 위너: N. Wiener, "Cybernetics," *Scientific American* (1948), 179: 14-19.

116 클로드 섀넌: C.E. Shannon and W. Weaver, *The Mathematical Theory of Communication* (Urbana: University of Illinois Press, 1949).

117 정보처리 기구로서 뇌: W.S. McCulloch and W.H. Pitts, "A logical calculus of the ideas immanent in nervous activity," *Bulletin of Mathematical Biophysics* (1943), 5: 115-33.

118 앨런 튜링: A.M. Turing, "Computing machinery and intelligence," *Mind* (1950), 59: 433-60.

118 존 폰 노이만: J. von Neumann, *The Computer and the Brain* (New Haven/London: Yale University Press, 1958).

120 거울 뉴런은 선천적인가, 학습의 결과인가?: C. Heyes, "Where do mirror neurons come from?" *Neuroscience & Biobehavioral Reviews* (2010), 34: 575-83.

121 거울 뉴런과 행위자의 문제: N. Georgieff and M. Jeannerod, "Beyond Consciousness of External Reality: A 'Who' System for Consciousness of Action and Self-Consciousness," *Consciousness and Cognition* (1998), 7: 465-77.

6장

124 로봇 팔로 뇌 속이기: S.-J. Blakemore, C.D. Frith, and D.M. Wolpert, "Spatio-temporal prediction modulates the perception of self-produced stimuli," *J Cogn Neurosci* (1999), 11: 551-59.
세라제인의 책을 읽어보세요. Sarah-Jane, *Inventing Ourselves: The Secret Life of the Teenage Brain* (Doubleday, 2018). 사라-제인 블레이크모어, 《나를 발견하는 뇌과학 - 뇌과학이 말하는 자아감 성장의 비밀》, 이경아 옮김(문학수첩, 2022).

124 자신을 간지럽힐 수 없는 이유: L. Weiskrantz, J. Elliott, and C. Darlington, "Preliminary observations on tickling oneself," *Nature* (1971), 230: 598-99.

125 C.D. Frith and E.C. Johnstone, *Schizophrenia: A Very Short Introduction* (Oxford: Oxford University Press, 2003).

126 망상과 환각의 예: J. Chapman, "The Early Symptoms of Schizophrenia," *British Journal of Psychiatry* (1966), 112: 225-51.

127 동물 모델: C.A. Jones, D.J.G. Watson, and K.C.F. Fone, "Animal models of schizophrenia," *British Journal of Pharmacology* (2012), 164: 1162-94.

127 건강한 사람의 환각: I.E. Sommer, K. Daalman, T. Rietkerk, K.M. Diederen, S. Bakker, J. Wijkstra, and M.P. Boks, "Healthy individuals with auditory verbal hallucinations; who are they? Psychiatric assessments of a selected sample of 103 subjects," *Schizophr Bull* (2010), 36: 633-41.

128 조현병의 특성과 치료: C.D. Frith and E.C. Johnstone, *Schizophrenia: A Very Short Introduction* (Oxford: Oxford University Press, 2003).

130 사후 뇌 측정: C.J. Bruton, T.J. Crow, C.D. Frith, E.C. Johnstone, D.G. Owens, and G.W. Roberts, "Schizophrenia and the brain: a prospective clinico-neuropathological study," *Psychol Med* (1990), 20: 285-304.

130 도파민 차단 약물: E.C. Johnstone, T.J. Crow, C.D. Frith, M.W. Carney, and J.S. Price, "Mechanism of the antipsychotic effect in the treatment of acute schizophrenia," *Lancet* (1978), 1: 848-51.

131 환청: T.H. Nayani and A.S. David, "The auditory hallucination: Aphenomenological survey," *Psychological Medicine* (1996), 26: 177-89.

131 C.D. Frith, *The Cognitive Neuropsychology of Schizophrenia* (Classic Edition) (Hove, UK: Psychology Press, 1992/2015).

132 K.E. Stephan, K.J. Friston, and C.D. Frith, "Dysconnection in schizophrenia: from abnormal synaptic plasticity to failures of self-monitoring," *Schizophr Bull* (2009), 35: 509-27.

133 생각 삽입: I. Feinberg, "Efference copy and corollary discharge: implications for thinking and its disorders," *Schizophr Bull* (1978), 4: 636-40.

135 폭력 피해자: H. Khalifeh, S. Johnson, L.M. Howard, R. Borschmann, D. Osborn, K. Dean, C. Hart, J. Hogg, and P. Moran, "Violent and non-violent crime against adults with severe mental illness," *Br J Psychiatry* (2015), 206: 275-82, doi:10.1192/bjp.bp.114.147843.

136 유죄이냐 정신이상(맥노튼 원칙): https://en.wikipedia.org/wiki/M%27Naghten_rules.

137 (일부) 조현병 환자가 자신을 간지럽힐 수 있다는 사실: S.-J. Blakemore, J. Smith, R. Steel, E.C. Johnstone, and C.D. Frith, "The perception of self-produced sensory stimuli in patients with auditory hallucinations and passivity experiences: evidence for a breakdown in self-monitoring," *Psychol Med* (2000), 30: 1131-39.

138 리벳의 실험: B. Libet, C.A. Gleason, E.W. Wright, and D.K. Pearl, "Time of conscious intention to act in relation to onset of cerebral activity (readiness-potential). The unconscious initiation of a freely voluntary act," *Brain* (1983), 106 (Pt 3): 623-42.

140 리벳의 실험이 일으킨 동요: https://en.wikipedia.org/wiki/Benjamin_Libet.

141 리벳 실험의 재검토: C.D. Frith and P. Haggard, "Volition and the Brain—Revisiting a Classic Experimental Study," *Trends in Neurosciences* (2018), 41: 405-7.

143 조현병과 예측: P.C. Fletcher and C.D. Frith, "Perceiving is believing: a Bayesian approach to explaining the positive symptoms of schizophrenia," *Nat Rev Neurosci* (2009), 10: 48-58.

막간 만화

146 fMRI로 하는 리벳 실험: C.S. Soon, M. Brass, H.J. Heinze, and J.D. Haynes, "Unconscious determinants of free decisions in the human brain," *Nat Neurosci* (2008), 11: 543-45.

148 많은 뇌 영상 연구에 사용되는 몬트리올 신경연구소의 뇌는 콜린 홈스라는 사람의 뇌를 27회 스캔하여 만들어낸, 한 뇌 전체의 대단히 상세한 MRI 영상이랍니다. http://www.bic.mni.mcgill.ca/ServicesAtlases/Colin27.

149 리벳 실험: B. Libet, C.A. Gleason, E.W. Wright, and D.K. Pearl, "Time of conscious intention to act in relation to onset of cerebral activity (readiness-potential). The unconscious initiation of a freely voluntary act," *Brain* (1983), 106 (Pt 3): 623-42.

152 실제로 존재하지 않는, 중요한 결과를 발견하는 일: https://en.wikipedia.org/wiki/Data_dredging.

154 재현성 위기: https://en.wikipedia.org/wiki/Replication_crisis.
    심리학 연구의 재현성 위기: Leslie K. John, George Loewenstein, and Drazen Prelec, "Measuring the Prevalence of

Questionable Research Practices with Incentives for Truth Telling," *Psychological Science* (2012), 23 (5): 524–32.

암 연구의 재현성 위기: C.G. Begley and M.E. Lee, "Drug Development: Raise Standards for Preclinical Cancer Research," *Nature* (2012), 483: 531–33.

154 고령에 관해 생각한 뒤 천천히 걷는 일: J.A. Bargh, M. Chen, and L. Burrows, "Automaticity of social behavior: Direct effects of trait construct and stereotype activation on action," *Journal of Personality and Social Psychology* (1996), 71: 230–44.

155 피실험자 프라이밍: S. Doyen, O. Klein, C.-L. Pichon and A. Cleeremans, "Behavioral Priming: It's All in the Mind, but Whose Mind?" *PLoS ONE* (2012), 7: e29081. 그런데 노인들이 더 천천히 걷는다는 고정관념은 1996년 이후로 사라지지 않았던가요?

155 WEIRD: J. Henrich, S.J. Heine, and A. Norenzayan, "The weirdest people in the world?" *Behav Brain Sci* (2010), 33: 61–83, discussion 83–135.

157 상관관계는 인과관계가 아님: https://en.wikipedia.org/wiki/Correlation_does_not_imply_causation.

158 커피 음용과 불안: W.W. Eaton and J. McLeod, "Consumption of coffee or tea and symptoms of anxiety," *American Journal of Public Health* (1984), 74: 66–68.

159 커피 음용의 개인차: A. Steptoe and J. Wardle, "Mood and drinking: a naturalistic diary study of alcohol, coffee and tea," *Psychopharmacology* (1999), 141: 315–21.

160 커피와 조현병: J.D. Mann and E.H. Labrosse, "Urinary excretion of phenolic acids by normal and schizophrenic male patients," *AMA Archives of General Psychiatry* (1959), 1: 547–51.

7장

163 인간 이외 동물의 메타인지: J.D. Crystal and A.L. Foote, "Metacognition in animals," *Comparative Cognition & Behavior Reviews* (2009), 4: 1–16.

165 인간 이외 동물의 마음 이론: C. Heyes, "Animal mindreading: what's the problem?", *Psychonomic Bulletin & Review* (2015), 22(2): 313–27.

167 찌르레기 노래에 나타나는 재귀: G.F. Marcus, "Startling starlings," *Nature* (2006), 440: 1117.

168 미인대회 게임: "그것은 본인의 최선의 판단에 따라 정말로 가장 예쁜 얼굴을 고르는 일도 아니고, 평균적 의견이 정말로 가장 예쁘다고 생각하는 얼굴을 고르는 일도 아니다. 우리는 3단계로 우리의 지력을 사용하는 경지에 이르렀고, 그로써 평균적 의견이 무엇을 평균적 의견일 것으로 예상할지도 예측하고 있다. 나는 4단계, 5단계, 그보다 더 높은 단계를 쓰는 사람들도 일부 있다고 믿는다." (존 메이너드 케인스, 《고용, 이자 및 화폐의 일반이론》(1936), 12장).

169 P-미인대회 게임, 사람들의 한정된 재귀 횟수: C.F. Camerer, T.-H. Ho, and J.-K. Chong, "A Cognitive Hierarchy Model of Games," *Quarterly Journal of Economics* (2004), 119: 861–98.

169 평균의 절반을 추측해야 함: (다음 인용 기사에서 다룬 게임에서는 평균의 2/3를 예측해야 했어요.) Astrid Schou, "Gæt-et-tal konkurrence afslører at vi er irrationelle(숫자 맞추기 대결은 우리의 비합리성을 드러낸다)" *Politiken* (in Danish), 22 September 2005, retrieved 29 August 2017. 추측들의 도수분포도도 수록되어 있습니다. 일부 플레이어는 100에 가까운 수를 추측했다는 점이 눈여겨볼 만합니다. 다수의 참가자는 33.3(50의 3/2)으로 추측했는데, 이는 참가자들이 무작위로 수를 골랐을(재귀의 1단계) 거라고 가정하게 하네요. 22.2(33.3의 2/3, 이는 재귀의 2단계지요)를 고른 플레이어는 그보다는 적지만 그래도 제법 많았습니다. 최종 수인 21.6은 22.2보다 조금 낮으며, 이는 각 플레이어가 평균적으로 1.07단계의 재귀적 추론을 했음을 암시합니다.

171 L. Goupil and S. Kouider, "Developing a Reflective Mind: From Core Metacognition to Explicit Self-Reflection," *Current Directions in Psychological Science* (2019), 28: 403–8.

말을 배우기 전의 아기: L. Goupil and S. Kouider, "Behavioral and Neural Indices of Metacognitive Sensitivity in Preverbal Infants," *Current Biology* (2016), 26: 3038–45.

175 몰라요 단추/ 동물:

J.D. Smith, W.E. Shields, and D.A. Washburn, "The comparative psychology of uncertainty monitoring and metacognition," *Behavioral and Brain Sciences* (2003), 26: 317–39, discussion 340–73.

A.L. Foote and J.D. Crystal, "Metacognition in the rat," *Current Biology* (2007), 17: 551–55.

8장

186 전기경련요법 시험 결과: E.C. Johnstone, J.F. Deakin, P. Lawler, C.D. Frith, M. Stevens, K. McPherson, and T.J. Crow, "The Northwick Park electroconvulsive therapy trial," *Lancet* (1980), 2: 1317–20.

187 양전자 방출 단층촬영(PET): https://en.wikipedia.org/wiki/Brain_positron_emission_tomography.

188 움직임이 초래하는 fMRI 신호: J.V. Hajnal, R. Myers, A. Oatridge, J.E. Schwieso, I.R. Young, and G.M. Bydder, "Artifacts due to stimulus correlated motion in functional imaging of the brain," *Magnetic Resonance in Medicine* (1994), 31: 283–91.

189 John Bohannon, "A computer program just ranked the most influential brain scientists of the modern era," *Science*, 11 November 2016, 9:45 a.m.

191 연구소(세인트 존스 하우스): A. Roepstorff, "Transforming subjects into objectivity: an 'ethnography of knowledge' in a brain imaging laboratory," *J Dan Ethnogr Soc* (2002), 44: 145–70.

194 두 뇌를 동시에 연구할 필요성: L. Schilbach, B. Timmermans, V. Reddy, A. Costall, G. Bente, T. Schlicht, and K. Vogeley, "Toward a second-person neuroscience," *Behav Brain Sci* (2013), 36: 393–414.

195 피실험자에게 실험 방법을 알려주는 일의 문제점: A. Roepstorff and C. Frith, "What's at the top in the top-down control of action? Script-sharing and 'top-top' control of action in cognitive experiments," *Psychol Res* (2004), 68: 189–98.

9장

200 기도가 통증에 미치는 영향: E.-M. Elmholdt, J. Skewes, M. Dietz, A. Møller, M.S. Jensen, A. Roepstorff, K. Wiech, and T.S. Jensen, "Reduced Pain Sensation and Reduced BOLD Signal in Parietofrontal Networks during Religious Prayer," *Frontiers in Human Neuroscience* (2017), 11: 337.

200 레고를 이용한 집단 작업: R. Fusaroli, J.S. Bjørndahl, A. Roepstorff, and K. Tylén, "A heart for interaction: Shared physiological dynamics and behavioral coordination in a collective, creative construction task," *Journal of Experimental Psychology: Human Perception and Performance* (2016), 42: 1297–1310.

202 머리 하나보다 둘이 나은 사실에 관한 정신물리학:

점 세기: B. Bahrami, D. Didino, C. Frith, B. Butterworth, and G. Rees, "Collective enumeration," *J Exp Psychol Hum Percept Perform* (2013), 39, 338–47.

2구간 변칙적 차이 포착 과제: B. Bahrami, K. Olsen, P.E. Latham, A. Roepstorff, G. Rees, and C.D. Frith, "Optimally interacting minds," *Science* (2010), 329: 1081–85.

204 확신 정도에 관한 대화: R. Fusaroli, B. Bahrami, K. Olsen, A. Roepstorff, G. Rees, C. Frith, and K. Tylén, "Coming to terms: quantifying the benefits of linguistic coordination," *Psychol Sci* (2012), 23: 931–39.

211 CIA 위원회: S. Kent, *Sherman Kent and the Board of National Estimates: Collected Essays* (Washington, DC: History Staff, Center for the Study of Intelligence, Central Intelligence Agency; University of Michigan Library, 1994).

212 확신 정도 조정: D. Bang, L. Aitchison, R. Moran, S. Herce Castanon, B. Rafiee, A. Mahmoodi, J.Y.F. Lau, P.E. Latham, B. Bahrami, and C. Summerfield, "Confidence matching in group decision-making," *Nature Human Behaviour* (2017), 1: 0117.

214 신뢰도 세계 순위: A cross-country project coordinated by the Institute for Social Research of the University of Michigan, www.worldvaluessurvey.org/.

214 문화에 따른 차이는 없음: A. Mahmoodi, D. Bang, K. Olsen, Y.A. Zhao, Z. Shi, K. Broberg, S. Safavi, S. Han, M. Nili Ahmadabadi, C.D. Frith, et al., "Equality bias impairs collective decision-making across cultures," *Proceedings of the National Academy of Sciences* (2015), 112: 3835–40.

216 집단으로 할 때 문제 해결을 더 잘함(배트와 공 문제): E. Trouche, E. Sander, and H. Mercier, "Arguments, more than confidence, explain the good performance of reasoning groups," *J Exp Psychol Gen* (2014), 143: 1958–71.

218 탐험과 활용: T.T. Hills, P.M. Todd, D. Lazer, A.D. Redish, I.D. Couzin, and Cognitive Search Research Group, "Exploration versus exploitation in space, mind, and society," *Trends Cogn Sci* (2015), 19: 46–54.

218 벌떼 중 정찰대의 비율: T.D. Seeley, *Honeybee Democracy* (Princeton, NJ: Princeton University Press, 2010). 토머스 D. 실리, 《꿀벌의 민주주의》, 하임수 옮김(에코리브르, 2021).

221 M. Dewey, "Living with Asperger's syndrome," in *Autism and Asperger Syndrome*, ed. U. Frith (Cambridge: Cambridge University Press, 1991), 184–206.

222 자폐에서 나타나는 세밀한 부분에 대한 집중: A. Shah and U. Frith, "An islet of ability in autistic children: A research note," *Journal of Child Psychology and Psychiatry* (1983), 24: 613–20.

10장

226 조정 문제 풀기: D.A. Braun, P.A. Ortega, and D.M. Wolpert, "Motor coordination: when two have to act as one," *Exp Brain Res* (2011), 211: 631–41.

230 조정 문제 풀기에서 제3자의 조언: R.J. Aumann, "Correlated equilibrium as an expression of Bayesian rationality," *Econometrica* (1987), 55: 1–18.

231 오 헨리의 단편소설: http://www.auburn.edu/~vestmon/Gift_of_the_Magi.html.

232 게임 이론: https://en.wikipedia.org/wiki/Game_theory.

233 실생활 속 경제학적 게임 이론의 가치: A.C. Pisor, M.M. Gervais, B.G. Purzycki, and C.T. Ross, "Preferences and constraints: the value of economic games for studying human behaviour," *Royal Society Open Science* (2020), 7: 192090.

233 무의식적 이타성: D.G. Rand, J.D. Greene, and M.A. Nowak, "Spontaneous giving and calculated greed," *Nature* (2012), 489: 427–30.

233 머나먼 파빌리언: V.P. Crawford, M.A. Costa-Gomes, and N. Iriberri, "Structural Models of Nonequilibrium Strategic Thinking: Theory, Evidence, and Applications," *Journal of Economic Literature* (2013), 51: 5–62 (part 4).

235 재귀적 사고를 많이 할수록 경쟁에서는 유리하고 협력에서는 불리함: M. Devaine, G. Hollard, and J. Daunizeau, "Theory of Mind: Did Evolution Fool Us?" *PLoS ONE* (2014), 9: e87619.

237 모양 맞추기 게임에서 자동적 모방: M. Belot, V.P. Crawford, and C. Heyes, "Players of Matching Pennies automatically imitate opponents' gestures against strong incentives," *Proceedings of the National Academy of Sciences of the United States of America* (2013), 110: 2763–68.

240 유령의 집 실험: G. Dezecache, J. Grèzes, and C.D. Dahl, "The nature and distribution of affiliative behaviour during exposure to mild threat," *Royal Society Open Science* (2017), 4: 170265.

240 D.G. Rand, "Cooperation, Fast and Slow: Meta-Analytic Evidence for a Theory of Social Heuristics and Self-Interested Deliberation," *Psychological Science* (2016), 27: 1192–1206.

11장

246 에피쿠로스와 자유의지: S. Bobzien, "Moral Responsibility and Moral Development in Epicurus' Philosophy," in *The Virtuous Life in Greek Ethics*, ed. B. Reis (New York: Cambridge University Press, 2006), 206–99.

247 후회 예상이 행동에 미치는 영향: M. Zeelenberg, "Anticipated regret, expected feedback and behavioral decision making," *J Behav Decis Mak* (1997), 12: 93–106.

248 후회와 앞일을 예상해 내린 선택: T. Gilovich and V.H. Medvec, "The experience of regret: what, when, and why," *Psychol Rev* (1995), 102: 379–95.

249 트롤리 문제: P. Foot, "The Problem of Abortion and the Doctrine of Double Effect," *Oxford Review* (1967), 5: 5–15.

251 트롤리 문제를 현금에 적용한 버전: O. FeldmanHall, D. Mobbs, D. Evans, L. Hiscox, L. Navrady, and T. Dalgleish, "What we say and what we do: the relationship between real and hypothetical moral choices," *Cognition* (2012), 123: 434–41.

253 경매와 후회 예상: E. Filiz-Ozbay and E.Y. Ozbay, "Auctions with anticipated regret: Theory and experiment," *American Economic Review* (2007), 97: 1407–18.

255 레몬즙과 감정이입: F. Hagenmuller, W. Rössler, A. Wittwer, and H. Haker, "Juicy lemons for measuring basic empathic resonance," *Psychiat Res* (2014), 219: 391–96.

257 감정이입과 전파: F. de Vignemont and T. Singer, "The empathic brain: how, when and why?" *Trends Cogn Sci* (2006), 10: 435–41.

257 웃음: S.K. Scott, N. Lavan, S. Chen, and C. McGettigan, "The social life of laughter," Trends in Cognitive Sciences (2014), 18: 618–20.

259 가짜 웃음에 대한 뇌의 반응: N. Lavan, G. Rankin, N. Lorking, S. Scott, and C. McGettigan, "Neural correlates of the affective properties of spontaneous and volitional laughter types," *Neuropsychologia* (2017), 95: 30–39.

260 신경과학, 자유의지, 책임: D. Talmi, and C.D. Frith, "Neuroscience, Free Will, and Responsibility," in *Conscious Will and Responsibility: A Tribute to Benjamin Libet*, eds. W. Sinnott-Armstrong and L. Nadel (New York: Oxford University Press, 2011), 124–33.

261 사이코패스는 남들이 웃을 때 함께 웃지 않는다는 이야기: E. O'Nions, C.F. Lima, S.K. Scott, R. Roberts, E.J. McCrory, and E. Viding, "Reduced Laughter Contagion in Boys at Risk for Psychopathy," *Current Biology* (2017), 27: 3049–55.e3044.

12장

271 행위 관찰은 행위에 영향을 미친다는 이야기: M. Brass, H. Bekkering, and W. Prinz, "Movement observation affects movement execution in a simple response task," *Acta Psychol (Amst)* (2001), 106: 3–22.

273 나탈리 제반츠의 실험: 아직 출판되지 않았음. 다음 웹페이지를 참고하세요. https://www.ceu.edu/article/2013-06-18/good-news-racial-attitudes-can-change.

275 프리스-하페 삼각형: F. Abell, F. Happé, and U. Frith, "Do triangles play tricks? Attribution of mental states to animated shapes in normal and abnormal development," *Cognitive Development* (2000), 15: 1–16.

276 따돌림을 보고 나면 모방 행동이 증가한다는 이야기: H. Over and M. Carpenter, "Priming third-party ostracism increases affiliative imitation in children," *Developmental Science* (2009), 12: F1–F8.

276 따돌림을 경험하면 모방 행동이 증가한다는 이야기: R.E. Watson-Jones, H. Whitehouse, and C.H. Legare, "In-Group Ostracism Increases High-Fidelity Imitation in Early Childhood," *Psychol Sci* (2016), 27: 34–42.

277 《해리 포터》를 읽으면 편견이 줄어든다는 이야기: L. Vezzali, S. Stathi, D. Giovannini, D. Capozza, and E. Trifiletti, "The greatest magic of Harry Potter: Reducing prejudice," *Journal of Applied Social Psychology* (2014), 45: 105–21.

278 편견 줄이기: L. Maister, N. Sebanz, G. Knoblich, and M. Tsakiris, "Experiencing ownership over a dark-skinned body reduces implicit racial bias," *Cognition* (2013), 128: 170–78.

279 외집단 구성원에게는 감정이입하지 않는다는 이야기: X. Xu, X. Zuo, X. Wang, and S. Han, "Do you feel my pain? Racial group membership modulates empathic neural responses," *J Neurosci* (2009), 29: 8525–29.

280 인종적 편향을 줄이는 비법: F. Sheng and S. Han, "Manipulations of cognitive strategies and intergroup relationships reduce the racial bias in empathic neural responses," *Neuroimage* (2012), 61: 786–97.

282 무리를 지어 살인 사건 미스터리 풀기: K.W. Phillips, K.A. Liljenquist, and M.A. Neale, "Is the Pain Worth the Gain? The Advantages and Liabilities of Agreeing with Socially Distinct Newcomers," *Pers Soc Psychol B* (2008), 35: 336–50.

284 개인은 이기적일 때 가장 좋은 결과를 내고, 집단은 이타적 개인들로 이루어질 때 가장 좋은 결과를 낸다는 이야기: E. Sober and D.S. Wilson, *Unto Others* (Cambridge, MA: Harvard University Press, 1998). 엘리엇 소버, 데이비드 슬론 윌슨, 《타인에게로 – 이타 행동의 진화와 심리학》, 설선혜, 김민우 옮김(서울대학교출판문화원, 2013).

285 평판: 위키피디아를 보세요. https://en.wikipedia.org/wiki/Reputation.

286 사랑에 관여하는 뇌 영역들: B.P. Acevedo, A. Aron, H.E. Fisher, and L.L. Brown, "Neural correlates of long-term intense romantic love," *Soc Cogn Affect Neurosci* (2012), 7: 145–59.

287 지능과 이혼: J. Dronkers, "Bestaat er een samenhang tussen echtscheiding en intelligentie?(이혼과 지능은 서로 관계가 있을까?)" *Mens en Maatschappij* (2002), 77:25–42.

13장

292 갈레노스와 베살리우스: 위키피디아를 보세요.

294 피인용지수, h-지수: 위키피디아를 보세요.

294 E. Sober and D.S. Wilson, *Unto Others* (Cambridge, MA: Harvard University Press, 1998).

295 모금함 위에 눈 그림 붙여두기: M. Bateson, D. Nettle, and G. Roberts, "Cues of being watched enhance cooperation in a real-world setting," *Biol Lett* (2006), 2: 412–14.

296 청소놀래기가 고객을 깨물고 싶어한다는 이야기: A.S. Grutter, and R. Bshary, "Cleaner wrasse prefer client mucus: support for partner control mechanisms in cleaning interactions," *Proceedings of the Royal Society of London Series B-Biological Sciences* (2003), 270: S242–S244.

296 청소놀래기가 좋은 평판을 얻으려 한다는 이야기: A. Pinto, J. Oates, A. Grutter, and R. Bshary, "Cleaner Wrasses Labroides dimidiatus Are More Cooperative in the Presence of an Audience," *Current Biology* (2011), 21: 1140–44.

297 청소놀래기의 춤: A.S. Grutter, "Cleaner Fish Use Tactile Dancing Behavior as a Pre-conflict Management Strategy," *Current Biology* (2004), 14: 1080-83.

297 너무 많은 무임승차자가 있는 놀래기 떼는 회피 대상이 된다는 이야기: R. Bshary and A. D'Souza, in *Animal Communication Networks*, ed. P.K. McGregor (Cambridge University Press, 2005), 521-39.

297 조이스 버그의 신뢰 게임: J. Berg, J. Dickhaut, and K. McCabe, "Trust, Reciprocity, and Social History," *Games and Economic Behavior* (1995), 10: 122-42.

299 신뢰와 꼬리핵 및 편도체: J.K. Rilling and A.G. Sanfey, "The Neuroscience of Social Decision-Making," *Annual Review of Psychology* (2010), 62: 23-48.

301 노래하고 춤추는 아이들: L.N. Chaplin and M.I. Norton, "Why We Think We Can't Dance: Theory of Mind and Children's Desire to Perform," *Child Development* (2014), 86: 651-58.

302 아기들에게 나타나는 관중 효과: S. Jones, K. Collins, and H. Hong, "An Audience Effect on Smile Production in 10-Month-Old Infants," *Psychological Science* (1991), 2: 45-49.

303 자폐와 관중 효과: K. Izuma, K. Matsumoto, C.F. Camerer, and R. Adolphs, "Insensitivity to social reputation in autism," *Proceedings of the National Academy of Sciences* (2011), 108: 17302-307.

303 인터넷상의 평판: C. Tennie, U. Frith, and C.D. Frith, "Reputation management in the age of the world-wide web," *Trends Cogn Sci* (2010), 14: 482-88.

304 가십: P.M. Spacks, "In Praise of Gossip," *Hudson Review* (1982), 35: 19-38.

307 직접 경험을 대체하는 가십(MRI): M.R. Delgado, R.H. Frank, and E.A. Phelps, "Perceptions of moral character modulate the neural systems of reward during the trust game," *Nat Neurosci* (2005), 8: 1611-18.

307 가십의 여러 원천: R.D. Sommerfeld, H.J. Krambeck, and M. Milinski, "Multiple gossip statements and their effect on reputation and trustworthiness," *Proc Biol Sci* (2008), 275: 2529-36.

307 가십 이야기 더: R.D. Sommerfeld, H.J. Krambeck, D. Semmann, and M. Milinski, "Gossip as an alternative for direct observation in games of indirect reciprocity," *Proc Natl Acad Sci USA* (2007), 104: 17435-40.

309 뇌 속의 평판(아니면 적어도 확신): A. Clark, *Surfing Uncertainty: Prediction, Action, and the Embodied Mind*, (Oxford University Press, 2015).

313 협력과 다양성: D. Bang and C.D. Frith, "Making better decisions in groups," R Soc Open Sci (2017), 4, 170193.

찾아보기

ㄱ

가르침 76-79
    가르침을 통한 학습 76
    동물의 가르침 활용 77-78
    아이들의 과잉모방과 가르침 78-79, 90
    인간의 한 능력인 가르침 76
간지럼 태우기 실험 105-106, 124-125, 137
갈레노스(Galen) 292-293
갈바니, 루이지(Galvani, Luigi) 24
감정이입(empathy) 98-101
    감정이입에 대한 뇌의 기반 98-101
    감정이입에서 거울 뉴런 101, 104, 120-121
    감정이입을 통한 사회적 상호작용 93
    감정이입의 정의 100
    감정이입이 결여된 사이코패시 260-261
    레몬 감정이입 테스트 255-256
    인종 기반의 감정이입 반응 280
    자폐인과 감정이입 93
강박적 손 씻기 44-45
거울 뉴런
    감정이입과 거울 뉴런 101, 104
    모방과 거울 뉴런 104, 120-121
    자기 인식과 거울 뉴런 121
게임
    게임에서 옆 사람을 꽉 붙잡는 행동 240
    게임에서 외현적 마음 이론 165-166
    게임을 활용한 인종 기반 반응의 극복 280
    게임할 때 의사결정 접근법 237-238
    머신러닝과 게임 55-56
    베이즈 확률과 게임 31-33
    신뢰 게임에서 평판 297-300, 306-309
게임 이론 228-235
    '머나먼 파빌리언'의 예 229-231
    '바흐냐 스트라빈스키냐'의 예 230
    '성별 전쟁'의 예 228-230, 232
    가위바위보의 예 236-238
    번갈아 하기 전략 230
    익명 기부 실험의 게임 이론 240-241
경쟁
    경쟁 시 내집단과 외집단 280, 294
    경쟁에서 나타나는 개인의 이기심 294-295
고무손 착각
    고무손 착각을 사용한 간지럼 태우기 실험 105-106
    내/외집단과 고무손 착각 278-279
골지, 카밀로(Golgi, Camillo) 110-111
공감각 102-104
과학 실험 144-161
    과학 실험에 대한 결과의 재현 154-156
    과학 실험에 대한 동료 검토 154
    과학 실험에 대한 연구 논문의 피인용지수 294
    과학 실험에 참가하는 대학생 피실험자 155-156
    과학 실험에서 나타나는 무작위적 우연의 일치 152-153
    과학 실험에서 다중비교 보정 151
    과학 실험에서 말하는 '평균적 뇌' 개념 148-149, 193
    과학 실험에서 상관관계 인관관계 문제 157-160
    과학 실험에서 조현병 환자 및 자폐인과 과학 실험을 할 때의 어려움 160-161

과학 실험의 팀워크 195-197
과학 학술지는 진실의 믿을 만한 원천이라는 믿음 147
여러 번의 실험에서 나온 결과를 해석할 때의 어려움 148, 149-153
연구와 과학 실험에 대해 알고 있는 피실험자들 156-157

관계
    관계 속 의사소통 98-100

구필, 루이즈(Goupil, Louise) 171

기억
    기억에 대한 뇌의 차이에 관한 택시 운전사 연구 40-41
    기억에 대한 정보 이론 117
    기억에 대한 확신에 관한 실험 171-172, 174
    일화 기억 115
    작업 기억 36
    절차 기억 115

기억상실증 환자
    기억상실증 환자의 기억 연구 115-116
    악수 실험 46

ㄴ

내집단과 외집단 264-287
    경쟁과 내/외집단의 관계 280, 294
    고무손 착각과 내/외집단 278-279
    과제에 대한 집단적 접근법과 내/외집단 281-283
    내/외집단에 대한 변화하는 시각 277-279
    내/외집단에서 다른 사람의 생각에 대한 생각 286
    내/외집단의 모방 실험 271-272
    내/외집단의 인종 기반 반응 279-280
    내집단과 외집단에 따른 행동 모방의 한계 272-274
    내집단과 외집단의 형성에 관한 진화생물학 284-285
    부부가 서로 느끼는 매력과 내/외집단 266-270
    사이버볼 게임을 통한 내/외집단 연구 276
    사회 인지와 내/외집단 270
    삼각형 애니메이션을 활용한 내/외집단 연구 275-276
    소속에 대한 욕망과 내/외집단 271
    외집단 표지와 내집단 구성원 274-275
    해리 포터 시리즈와 내/외집단 277-278

뇌
    2단계 모방 메커니즘을 통한 학습 59-60
    가장 사회적인 신체기관인 뇌 10
    간지럼 태우기 실험과 뇌 105-106
    개인의 뇌만 연구하는 일의 한계 181
    과학 학술지에서 쓰는 '평균적 뇌'의 개념 148-149
    기억상실증 환자의 악수 실험과 뇌 46
    뇌 속의 뉴런 → 뉴런
    뇌 신경전달물질의 신호전달 역할 20, 25, 44
    뇌가 제대로 작동하지 않는 환자를 연구해 뇌에 관해 배우기 44
    뇌가 하는 일 20-21
    뇌에 관한 기본 지식 18-35
    뇌에 대한 '요리사와 손님' 비유 18-19
    뇌에 병변을 만드는 뇌전증 발작 22, 113
    뇌에서 중요한 부분 22-23
    뇌의 가소성 → 짝 또는 무리를 대상으로 한 뇌 가소성 연구 197
    뇌의 구성 24-25
    뇌의 선천적 사전확률 38
    뇌의 신경계 통제 20-21
    뇌의 영역별 구체적 기능 지도 만들기 23, 113-114
    뇌의 일부가 없이도 잘 기능하는 사람들 22-23
    뇌의 차이에 대한 택시 운전사 연구 40-42
    뇌의 착시 처리 30
    다른 사람들의 뇌라는 맥락 안에서 진화한 뇌 194
    다른 세 영역에서 작동하는 뇌 64-65
    마음과 뇌를 별개의 실체로 보는 이단적 이원론 16-17, 21
    마음과 뇌의 상호작용 → 마음/뇌 문제
    말을 만들어내는 뇌의 작동 23, 113
    베이즈식 예측 엔진으로서 뇌 31, 33, 141
    사회적 상호작용과 뇌 49
    수수께끼 같은 뇌의 작동 방식 8
    스트레스를 느끼는 것과 뇌의 관계 21

시각 메커니즘과 뇌 29-30
시간이 지나며 변하는 취향과 뇌 39
얼굴 인식과 뇌 53
우리가 뇌를 사용하는 방식과 뇌가 우리를 사용하는 방식 29-31
움직임 관찰과 뇌 59-61
의식과 뇌에 관한 연구 13
자유의지적 선택과 뇌 138-140
호르몬과 감정 촉발과 뇌 21
환각과 뇌 131-135

뇌 가소성
　뇌 가소성의 범위와 한계를 밝혀내는 것이 신경과학 연구의 한 목표 38
　뇌 가소성의 정의 38
　선천적 사전확률을 새로 쓸 수 있게 해주는 뇌 가소성 38
　시간이 가면서 변하는 취향과 뇌 가소성의 예 38-39
　혀에서 오는 신호 패턴을 받게 하는 시각피질 재배선 42-43

뇌 스캐닝 221
　뇌 스캐닝에 나타난 공감각의 뇌 활성화 103-104
　뇌 스캐닝으로 측정한 다른 뇌들 사이의 차이 40
　뇌 스캐닝을 사용한 택시 운전사 연구 40-42
　사이코패시의 감정이입 결여와 뇌 스캐닝 260-261
　양전자 방출 단층촬영(PET)을 통한 뇌 스캐닝 187-188
　웃음 소리 듣기와 뇌 스캐닝 258-259
　인간의 다양성과 뇌 스캐닝 200-201
　초기의 뇌 스캐닝 연구 130

뇌의 방추형 얼굴 영역(fusiform face area) 53

눈
　공막이 큰 눈의 이점 61
　뇌와 눈의 시각 처리 29-30
　눈에 압력을 가함으로써 '보기' 107

뉴런
　뉴런들의 상호작용에 대한 벌들의 춤 비유 26-28
　뉴런들의 협력 26-28, 35
　뉴런에 대한 신경전달물질의 기능 25

뉴런이 전달하는 전기 신호 24-25, 34, 44, 117
라몬 이 카할의 뉴런 그림 110-111
생각과 뉴런의 경로 25, 34
신호를 보낼 방향에 대한 뉴런의 결정 28, 34

ㄷ

다름 → 내집단과 외집단
　인종 기반 반응과 다름 280
더닝-크루거 효과 207, 207n
데이비스, 마일스(Davis, Miles) 65
'데저트 아일랜드 디스크' 라디오쇼 39
데카르트, 르네(Descartes, René) 17, 17n
덴마크 오르후스 소재 인터랙팅 마인드 센터 200-201
도파민 130
돌런, 레이(Dolan, Ray) 189
동료 검토 제도 154
동물
　동물과의 두뇌 게임 175-176
　동물을 활용한 조현병 연구 127
　동물의 가르침 77-78
　동물의 메타인지 163-165, 167, 175-176, 178
　동물의 모방에 의한 학습 55, 58, 77
　동물의 행동유도성 95
　인간과 동물의 공통으로 하는 활동의 예 75-76, 164-165
　인간과 동물의 차이 76, 97, 164
　인간과 동물의 차이를 단정하는 일의 어려움 76
'두 뇌' 접근법
　'두 뇌' 접근법에서 다양성의 이점 218-223
　'두 뇌' 접근법에서 미심쩍음과 재고 215-217
　'두 뇌' 접근법에서 서로 안 맞는 문제 207-208
　'두 뇌' 접근법에서 의사결정에 대한 확신 204-205
　'두 뇌' 접근법에서 확신도 평가 210-214
　'두 뇌' 접근법의 유리한 점 318-320
　의사결정에서 '두 뇌' 접근법에 대한 바라미의 실험 202-205

짝으로 하는 것과 혼자 하는 것에 대한 단 방의 비교 실험 208-215
한 과제를 두 사람이 할 때 더 나은 결과가 나옴 200-201
듀이, 마거릿(Dewey, Margaret) 221
딕, 필립 K.(Dick, Philip K.) 118

ㄹ

라몬 이 카할, 산티아고(Ramón y Cajal, Santiago) 110-111
런던 정신의학연구소 45, 47
런던 택시 운전사 연구
　런던 택시 운전사 연구의 저자 표시 41-42
　런던 택시 운전사들의 뇌에 나타난 차이 40-42
레슬리, 앨런(Leslie, Alan) 87
룁스토르프, 안드레아스(Roepstorff, Andreas) 189-192, 198
루이스, 조지(Lewis, George) 66-67
리벳 실험 141, 146-151, 154
리벳, 벤저민(Libet, Benjamin) 138-141, 149-150
리촐라티, 자코모(Rizzolatti, Giacomo) 102

ㅁ

마무디, 알리(Mahmoodi, Ali) 214
마음
　'요리사와 손님' 비유와 마음 18-19
　기억상실증 환자 악수 실험과 마음 46
　뇌를 마음과 별개의 실체로 보는 이단적 이원론 16-17, 21
　뉴런의 협력과 마음 31, 35, 44
　마음과 관련해 스트레스를 받는 느낌 21
　마음의 작동을 이해하지 못함 16
　배고픔에 대한 마음의 반응 15
　온몸이 마음에 미치는 영향 15-16
　통증에 대한 마음의 반응 15
　피곤에 대한 마음의 반응 15
　호르몬이 촉발하는 감정 21
마음 이론 88-93, 194, 235, 259, 275
　마음 이론 테스트를 위한 삼각형 기반 애니메이션 275

마음 이론의 두 유형 92
선천적 능력과 마음 이론 91
아기와 마음 이론 91
암묵적 마음 이론 92, 165
외현적 마음 이론 92, 165-166
웃음소리 듣기와 마음 이론 259
자폐 어린이와 마음 이론 87-90
마음/뇌 문제
　뇌를 마음과 별개의 실체로 보는 이단적 이원론과 마음/뇌 문제 16-17, 21
　마음/뇌 문제에서 마음에 대한 개념 정의의 어려움 14
　마음의 작동을 이해하지 못하는 문제와 마음/뇌 문제 16
　몸 전체가 마음에 미치는 영향과 마음/뇌 문제, 15-16
　몸과 뇌에 대한 마음의 통제와 마음/뇌 문제 16
《막스와 모리츠Max and Moritz》(빌헬름 부슈) 88
망상 47
　망상을 일으키는 뇌의 작동 134-135
　조현병과 망상 126-127, 129
매과이어, 엘리너(Maguire, Eleanor) 40
맥두걸, 윌리엄(McDougall, William) 81
《머나먼 파빌리언Far Pavilion》(M. M. 케이) 233-235
머신러닝 55-56
메타인지 162-179
　기억에 대한 확신으로 나타나는 메타인지 171-172, 174
　메타인지를 알아보기 위해 동물들과 한 브레인 게임 175-176
　메타인지의 정의 163
　외현적 마음 이론과 메타인지 165
　인간과 동물의 지적 능력에서 나타나는 메타인지의 차이 165
　자기평가라는 메타인지 174
　재검토라는 메타인지 170
　재귀라는메타인지 166, 167-168, 169, 170, 178, 231
　체스 게임과 메타인지 165-166
모방
　가위바위보와 모방 237

거울 뉴런과 모방 104, 120-121
　　내집단 및 외집단의 모방 271-272
　　모방에 의한 학습 → 모방에 의한 학습
　　영장류의 모방 79
　　자기 인식과 모방 121
모방을 통한 학습 52-60
　　기계와 모방 학습 55-56
　　농담과 모방 학습 70-71
　　뇌의 2단계 모방 학습 처리 59-60
　　누구나 하는 일과 모방으로 하는 일 54
　　다른 사람을 알아본 후에 가능한 모방 학습 52-53
　　동물의 모방 학습 활용 55, 58, 77
　　모방 학습에서 나타나는 의식적 모방과 무의식적 모방 54
　　모방 학습에서 사회적 상호작용 73
　　모방 학습에서 타인의 실수를 통해 배우기 54
　　모방 학습의 효율성 55, 57
　　연습과 모방 학습 73
　　초파리의 모방에 의한 학습 58
　　학습의 지름길인 모방 학습 52, 72-73
몹스, 딘(Mobbs, Dean) 248-249
무임승차자 240, 295-297
무작위적 우연의 일치 152-153
뮐러, 요하네스(Müller, Johannes) 107-108
밀너, 브렌다(Milner, Brenda) 115

ㅂ

바라미, 바하도르(Bahrami, Bahador) 202-204, 210
바크이리타, 폴(Bach-y-Rita, Paul) 42
방, 단(Bang, Dan) 208-211, 212-214
배런코언, 사이먼(Baron-Cohen, Simon) 89
백치 천재(idiot savant) 85
버그, 조이스(Berg, Joyce) 297
벌떼의 마음 26-27
베살리우스(Vesalius) 292
베이즈 통계학 32-34

베이즈, 토머스(Bayes, Thomas) 31-33
베이즈식 사전확률 38, 109
베이즈의 확률 연구 31-33
보고 편향 211
보이저 전자음악 시스템 67
부슈, 빌헬름(Busch, Wilhelm) 88
분트, 빌헬름(Wundt, Wilhelm) 108
브레히트, 베르톨트(Brecht, Bertolt) 268
브로카 영역 112
브로카, 피에르 폴(Broca, Pierre Paul) 22-23, 112
블레이크모어 세라제인(Blakemore, Sarah-Jayne) 124
블로일러, 오이겐(Bleuler, Eugen) 125
비딩, 에시(Viding, Essi) 260
비머, 하인츠(Wimmer, Heinz) 88-89

ㅅ

사이버네틱스 116-117
사전확률 → 선천적 사전확률
　　파블로프의 실험과 사전확률 109
사회 인지(social cognition)
　　내집단/외집단과 사회 인지 270
　　마음/뇌 문제와 사회 인지 → 마음/뇌 문제
　　사회 인지의 정의 13
사회적 상호작용
　　가르침 과정에서 나타나는 과잉모방과 사회적 상호작용 79, 90
　　모방에 의한 학습과 사회적 상호작용 73
　　사회적 상호작요에서 사회 인지의 역할 12
　　사회적 상호작용에 관심을 갖게 된 프리스 부부 49
　　사회적 상호작용에 대해 세 영역에서 작동하는 뇌 64-65
　　사회적 상호작용에서 감정이입 93
　　사회적 상호작용에서 사람은 어떻게 협력하는가 12
　　시선 따라가기와 사회적 상호작용 64
　　여러 사람의 합주와 사회적 상호작용 65-69
　　웃음과 사회적 상호작용 68-72

자폐인이 겪는 사회적 상호작용의 어려움 12, 82-83, 97
　　　프리재즈 즉흥연주와 사회적 상호작용 66-67
사회적 신호 96-97
생각
　　　생각에 대한 베이즈식 접근법 33
　　　생각에 대한 생각 → 메타인지
　　　생각에 대한 실마리로서 시선 따라가기 62, 72
　　　생각의 신경 경로 25
섀넌, 클로드(Shannon, Claude) 116
선천적 사전확률
　　　게임 방법 학습과 선천적 사전확률 56
　　　선천적 사전확률을 밝혀내기 위한 신경과학 연구 38
　　　선천적 사전확률을 지우고 새로 쓰는 뇌 가소성 38
　　　시간이 흐름에 따라 선천적 사전확률이 변화하는 예 38-39
설득
　　　뉴런의 상호작용에서 설득의 메커니즘에 대한 벌춤 비유 27-28
셰익스피어, 윌리엄(Shakespeare, William) 208
센리 병원, 런던 129-130
소크라테스(Socrates) 174
손 씻기 강박 44-45
〈스머프〉 만화 91
스콧, 소피(Scott, Sophie) 257
시각
　　　뇌의 시각 처리 29-30
　　　눈에 압력을 가함으로써 '보기'와 시각 107
　　　시각을 처리할 때 베이즈식 예측 엔진으로서 뇌 31-33
　　　시각의 착시 처리 30
　　　신생아의 시각 53
　　　얼굴 인식과 시각 53
　　　혀에서 오는 시각 신호 패턴을 받게 하는 시각피질 재배선 42-43
시각피질
　　　시각 메커니즘과 시각피질 29, 33
　　　이노우에의 시각피질 지도 만들기 113
　　　혀에서 오는 신호 패턴에 대한 시각피질 재배선 42-43

시선 따라가기
　　　그 사람이 무엇을 생각하고 있는지를 알려주는 단서로서 시선 따라가기 62, 72
　　　시선 따라가기를 통한 사회적 상호작용 73
　　　시선 따라가기의 메커니즘 61-62
　　　시선 따라가기의 예로서, 옆 사람의 빈 잔에 술을 따라줘야 함을 알아차리는 일 63-64
　　　시선 따라가기의 진화적 이점 61
　　　어려서부터 배우는 시선 따라가기 62
　　　텔레파시의 일종인 시선 따라가기 62-64
신경계
　　　신경계에 대한 뇌의 통제 20-21
신경과학
　　　뇌가 제대로 작동하지 않는 사례를 연구해 뇌를 알아감 44
　　　신경과학 연구 논문의 저자 표시 41-42
　　　신경과학에서 개인 뇌 연구의 한계 181
　　　신경과학에서 운명에 관한 질문 38
　　　신경과학의 선구적 발견에 관한 짤막하게 살펴보는 역사 107-119
　　　신경과학의 주요 프로젝트인 뇌 지도 만들기 22
　　　프리스 부부의 신경과학 연구 8, 13
신뢰 게임 297-300, 306-309
신생아
　　　신생아에게 필요한 학습 51
　　　신생아의 시각 53
　　　신생아의 얼굴 인식 53
신체
　　　신체에 대한 마음의 통제 16
　　　신체에서 오는 신호에 대한 신경계의 통제 20
　　　신체의 경험이 마음에 미치는 영향 15-16
　　　호르몬의 신체 기능 조절 21
심리학
　　　심리학 연구의 목표 49
　　　심리학에 대한 편견 48, 192
　　　우타가 심리학에 관심을 갖게 된 계기 44-45, 48-49
　　　크리스가 심리학에 관심을 갖게 된 계기 46-49

심리학자들의 연구 182-183

ㅇ

아그네스 코바치(Ágnes Kovács) 91
아기
    관중 효과와 아기 302-303
    아기들의 마음 이론 91
    아기의 신경 경로 성장 25
아스퍼거 증후군 83
아스페르거, 한스(Asperger, Hans) 81
아이(아기와 어린이)
    가르침과 어린이의 과잉모방 78-79, 90
    관중 효과와 아이들 302-303
    삼각형 애니메이션을 활용한 아이들의 따돌림 연구 275-276
    아기의 '척하기' 놀이 이해 86-87
    아기의 얼굴 인식 53
    아이들을 대상으로 한 과학 실험 172-174
    아이들의 내집단에 대한 사이버볼 게임 연구 276
    아이들의 농담과 학습 70-71
    아이들의 마음 이론 91
    아이들의 모방에 의한 학습 54
    어린이의 연령과 문제 해결 능력 173-174
    자신의 기억에 대한 아이들의 확신 171-172
    평판에 신경 쓰는 아이들 300-301
양전자 방출 단층촬영(PET) 스캐너 187-188
에피쿠로스(Epicurus) 245-246
연상 학습 52
엽절개술(lobotomy) 116
오버, 해리엇(Over, Harriet) 275
오코너, 닐(O'Connor, Neil) 85
왕립학회 293
'우리 집단' 개념 → 내집단과 외집단
    게임과 '우리 집단' 개념 233
    과잉모방과 '우리 집단'에 잘 스며들기 79

'우리' 모드 95-96, 316
움직임
    뇌의 움직임 관찰 59-61
    움직임에 대한 시선 따라가기 61-62
웃음 68-72
    두 사람 혹은 많은 사람과 있을 때 웃을 확률 257-258
    웃은 뒤 느끼는 후회 262
    웃음소리를 듣는 사람들의 뇌 스캐닝 259-260
    웃음을 통한 관계평가 68-69
    자폐인과 웃음 70
워드, 제이미(Ward, Jamie) 102
워링턴, 엘리자베스(Warrington, Elizabeth) 114-115
위너, 노버트(Wiener, Norbert) 116-117
위캡(Wicab) 42
윙, 로나(Wing, Lorna) 81-82, 86
유드코스키, 엘리저 S.(Yudkowsky, Eliezer S.) 31
음악
    여러 사람이 함께하는 연주의 사회적 상호작용 65-67
    즉흥연주를 위한 보이저 전자음악 시스템 67
의료발달위원회 인지발달분과, 유니버시티 칼리지 런던 173
의사결정
    게임할 때의 의사결정 237-238
    의사결정할 때의 뇌파 138-141, 146
    집단 의사결정에서 나타나는 다양성 218-223
    평판과 의사결정 290-291
의사소통
    성공적인 인간관계와 의사소통 98-100
    자폐장애와 의사소통 능력 12, 221
의식
    의식을 정의하기 위한 연구 13, 76
    정보 이론과 의식 117
이그노벨상 41
이기심
    게임에서 이기심 233
    자유의지 선택에서 이기심 252-253
    집단 안에서 이기심 233

협력 상황에서 이기심 241
이노우에 타쓰지(Inouye Tatsuji) 113
이리키 아츠시(Iriki Atsushi) 95
인공지능(AI)과 머신러닝 55-56
임상심리학
    크리스의 임상심리학 탐색 46-47

ㅈ

자기공명영상(MRI) 스캐너 146, 188, 194
자네로, 마크(Jeannerod, Marc) 271
자유의지 136-140, 242-263
    감정이입이 결여된 사이코패시와 자유의지 260-261
    개인적 책임과 자유의지 136, 259-260
    다른 사람의 생각에 관한 생각과 자유의지 254
    돈과 전기충격을 사용한 자유의지 실험 251-253
    돈을 쓰겠다는 결정과 자유의지 253-254
    레몬 감정이입 테스트와 자유의지 255-256
    예상된 후회와 자유의지 247-248
    의식적 뇌의 부산물로서 자유의지 244
    이기심과 자유의지 252-253
    자유의지로 선택을 내릴 때 뇌의 작동 138-141
    자유의지에 대한 에피쿠로스의 생각 245-246
    정신질환과 자유의지 136
    트롤리 문제와 자유의지 249-251
    후회하는 감정과 자유의지 246-247, 262
자폐 연구 과정의 협력 221-222
자폐(장애) 80-83, 221
    마음 이론과 자폐 87-90
    모든 걸 글자 그대로 받아들이는 자폐인 83, 90
    사회적 신호와 자폐 96-97
    아스페르거의 초기 자폐 연구 81
    우타가 자폐를 연구한 이유 84-86
    웃음 이해와 자폐 70
    자폐 스펙트럼 전반의 공통 특징 82
    자폐에 대한 과학 실험의 어려움 160-161
    자폐에 대한 샐리-앤 테스트 89, 92
    자폐에서 사회적 상호작용의 어려움 12, 82-83, 97
    자폐인과 '척하기' 놀이 86-87, 90
    자폐인의 감정이입 93
    자폐인의 능력 테스트 84
    자폐인의 의사소통 능력 12, 82, 84-85, 221
    자폐인의 학습 221-222
    캐너가 제시한 자폐의 양상 81
《자폐: 그 수수께끼를 설명하다Autism: Explaining the Enigma》
    (우타 프리스) 86
재귀(recursion) 231-232
    게임 시 사고 과정과 재귀 235
    메타인지와 재귀 166-170, 178, 231
    미인대회 게임과 재귀 168-169
    새의 노래에 나타나는 재귀 167
    언어와 재귀 166-167
    재귀와 재검토 비교 170
    체스와 재귀 166
쟁윌, 올리버(Zangwill, Oliver) 46
저자
    연구 논문의 저자 표시 41-42
    인용 표기 형식 42
전기경련요법(ECT) 184-186, 192
정보 이론 116-117
정신의학 187
정신질환
    정신질환에 대한 전기경련요법 184-186
    정신질환에서 자유의지 136
제반츠, 나탈리(Sebanz, Natalie) 272-273
조건화(conditioning) 109
조현병(schizophrenia) 44, 47, 123
    간지럼 태우기 실험과 조현병 137
    자유의지와 조현병 136
    조현병 치료 약 128
    조현병 환자들과 함께한 크리스의 조현병 연구 129-131
    조현병에 대한 과학적 실험의 어려움 160-161

조현병에서 나타나는 망상 126-127, 129
조현병에서 생기는 예상 시험 확인 회로의 고장 143
조현병의 뇌 작동 131-135
조현병의 진단과 관리에 얽힌 정치적 문제 128-129
조현병의 특징 126, 128
존스턴, 이브(Johnstone, Eve) 130, 183-186
집단 작업 → 팀워크: '두 뇌' 접근법
    게임 이론과 집단 작업 228-235
    두 사람이 함께 작업할 때 더 나은 결과가 나옴 200-201
    바라미의 집단 작업의 의사결정 실험 202-205
    서로 안 맞는 짝의 문제 207-208
    집단 작업 시 협력에 대한 사람들의 욕망 239, 241
    집단 작업에서 '우리 집단' 개념 233
    집단 작업에서 다양성의 이점 218-223
    집단 작업에서 미심쩍음과 재고 215-217
    집단 작업에서 새 구성원이 내집단인가 외집단인가 281-283
    집단 작업에서 서로의 생각에 관한 생각 232-233
    집단 작업에서 의사결정에 대한 확신 204-205
    집단 작업에서 이타적인 사람들 233
    집단 작업에서 협력할지 결정하는 시간의 길이 239, 241
    집단 작업에서 확신도 평가 210-214
    짝으로 하는 작업과 혼자 하는 작업을 비교하는 단 방의 실험 208-215

ㅊ

차키리스, 마노스(Tsakiris, Manos) 278
책임
    감정이입이 결여된 사이코패시와 책임 260-261
    자유의지와 책임 136, 259-260
철도 덕후 83
치매 25

ㅋ

카펜터, 말린다(Carpenter, Malinda) 275

캐너, 리오(Kanner, Leo) 81
케인즈, 존 메이너드(Keynes, John Maynard) 168-169
케인힐 병원, 런던 콜스던 소재 47
쿠이데, 시드(Kouider, Sid) 171
크로우, 팀(Crow, Tim) 130
〈크리스마스 선물The Gift of the Magi〉(오 헨리) 231-232
클라파레드, 에두아르(Claparède, Édouard) 46
클레르망, 악셀(Cleeremans, Axel) 155

ㅌ

테니스할 때의 신경 경로 25
통계적 학습 52
통계학
    베이즈 통계학 32-34
튈렌, 크리스티안(Tylén, Kristian) 204-205
튜링 테스트 118
튜링, 앨런(Turing, Alan) 118
트롤리 문제 249-251
팀워크
    여러 학문 분야의 팀워크 222
    팀워크 연구 195-197
    팀워크에서 나타나는 다양성 222-223
    팀워크의 중요성 192
    팀워크의 집단역학에 대한 인류학자의 연구 188-192

ㅍ

파로니, 테레사(Farroni, Teresa) 62
파블로프, 이반(Pavlov, Ivan) 108-109
페르너, 요제프(Perner, Josef) 88-89
펠드먼홀, 오리얼(Feldmanhall, Oriel) 249n, 251
평판 288-313
    가십과 평판 304-306
    과학 논문의 피인용지수와 평판 294
    관중 효과와 평판 302-303

무임승차자와 평판 295-297
소셜미디어와 평판 303-304
신뢰 게임과 평판 297-300, 306-309
아이들의 평판에 대한 염려 300-301
의학계에서 오랜 세월 이어진 갈레노스의 학설과 평판 292-293
평판을 기반으로 한 구매 결정 290-291
폰 노이만, 존(von Neumann, John) 118
푸사롤리, 리카르도(Fusaroli, Riccardo) 204-205
풋, 필리파(Foot, Philippa) 250
프리스, 마틴(Frith, Martin) 51, 89, 172-174
프리스, 앨릭스(Frith, Alex) 8, 52, 89, 172-174, 206
프리스, 우타(Frith, Uta)
  런던 자택 9-11
  시간이 흐르면서 취향이 변하는 예 38-39
  심리학에 관심을 갖게 된 계기 44-45, 48-49
  연령과 문제해결능력 실험 172-174
  우타의 신경과학 연구 8, 36
  우타의 자폐 연구 12, 84-86, 89, 221
  우타의 평판 290-292
  크리스와 우타의 내집단 경험 266-270
  크리스와 우타의 첫 만남 48-49
프리스, 크리스(Frith, Chris)
  런던 자택 9-11
  사회적 상호작용에서 인지 처리가 하는 역할에 관한 연구 12
  심리학에 관심을 갖게 된 계기 46-49
  우타와 크리스의 내집단 경험 266-270
  우타와 크리스의 첫 만남 48-49
  크리스의 신경과학 연구 8, 13, 36
  크리스의 전기경련요법(ECT) 연구 183-186
  크리스의 평판 290-292
  크리스의 PET 스캐너를 사용한 연구 187-188
프리스, 프레드(Frith, Fred) 66-67
프리스턴, 칼(Friston, Karl) 33, 189

ㅎ

하겐뮐러, 플로렌스(Hagenmuller, Florence) 255-256
하이드, 아이다(Hyde, Ida) 114
하지 않겠다는 자유의지(free won't) 140
하페, 프란체스카(Happe, Francesca) 275
학습
  가르침 받기를 통한 학습 → 가르침
  신생아의 학습 필요 51
  연습과 학습 57, 73
  자폐가 있는 학생과 학습 221-222
  학습의 유형 52
해마
  기억과 해마 115-116
  택시 운전사의 남다른 해마에 대한 뇌 연구 40-42
행동유도성(affordance) 94-95
  원숭이의 행동유도성 95
헛팔다리(phantom limb) 증후군 105
헤르만, 헤세(Hesse, Hermann) 268
헤르메린, 베아테(Hermelin, Beate) 85
헨리, O.(Henry, O.) 231-232
헬름홀츠, 헤르만 폰(Helmholtz, Hermann von) 108
혈관
  뇌의 안팎으로 호르몬을 운반하는 혈관 21
  뇌혈관의 비율 20
협력 198-241 → 팀워크; 연구 논문에 대한 저자들의 '두 뇌' 접근법 41
  게임 이론과 협력 228-235
  뉴런들의 협력 26-28, 35
  바라미의 의사결정 협력 실험 202-205
  사람들의 협력 12
  서로 안 맞는 사람들이 협력할 때의 문제 207-208
  십자말풀이와 협력 206
  짝으로 하는 것과 혼자 하는 것에 대한 단 방의 비교 실험 208-215
  협력 시 다양성의 이점 218-223
  협력에 대한 사람들의 욕망 239, 241

협력에 대한 확신 정도 평가 210-214
협력에서 미심쩍음과 재고 215-217
협력의 척도로서 웃음 69
협력하여 내린 의사결정에 대한 확신 204-205
협력할 때 말하지 않아도 통하는 규칙 227-228
협력할 때 서로에 대한 사람들의 생각 232-233
협력할 때 이타적인 사람들 233
협력할지 결정하는 시간의 길이 239, 241

호르몬
감정과 호르몬 21
뇌 안팎으로 호르몬을 실어나르는 혈액 21
스트레스 수준을 올리는 호르몬 21
호르몬에 의한 신체 기능의 통제 21

확신
물고기와 먹이 찾기의 집단 확신 보고서 205
자신의 기억에 대한 확신 171-172, 174
집단 문제해결과 확신 217, 223
집단 의사결정과 확신 204-205, 210-214
협력하는 집단과 확신 319

환각 43
조현병과 환각 126-127
환각을 일으키는 뇌의 작동 131-135

환청 126, 131-135

후회
예상된 후회 247-248
자유의지와 후회 246-247, 262
판돈을 건 후의 후회 247

흉내내기(모방)
어린이 교육에서 나타나는 과잉모방 78-79, 90
언제 어떻게 흉내낼지에 대한 성인의 선택 80

CIA 211-212

TWO HEADS

매혹적이고 까불거리는, 끝없이 생각을 자극하는 책이다. 사회 인지과학과 그래픽 노블이라는 형식을 통해 수세기 동안 과학자와 철학자들을 괴롭혀온 심오한 질문을 다룬다. 인간에게 자유의지가 있을까? 인간은 협력하는 쪽으로 진화했을까, 경쟁하는 쪽으로 진화했을까? 인종, 성 등등에 따른 편견은 우리 안에 내재되어 있는가, 그렇다면 그것을 넘어서 성장할 수 있을까? 그리고 또 이 책은 연구자로서 프리스 부부가 남긴 특별한 유산에 대한 그들의 아들 앨릭스의 애정 어린 헌사이기도 하다. 이 책은 당신의 사고방식을 바꿀 것이다.
스티브 실버만, 《뉴로트라이브》 저자

이 마법 같은 책은 서로 얽힌 두 가지 여정으로 당신을 안내한다. 첫째는 뇌와 마음에 대한 수많은 매혹적인 연구를 통한 과학적 여정이다. 둘째는 1960년대 런던에서 임상 심리학을 공부하는 학생으로 만나 과학자로서의 삶을 살면서, 인간의 뇌가 어떻게 우리를 사회적 존재로 만드는지 이해하기 위해 함께 노력한 크리스 프리스 교수와 우타 프리스 교수의 삶을 따라가는 개인적인 여정이다. 인간의 뇌와 마음, 세계에서 가장 뛰어난 두 과학자의 삶에 대해 배울 수 있는 환상적으로 재미있는 방법이다.
세라제인 블레이크모어, 케임브리지대학교 심리학과 교수, 《나를 발견하는 뇌과학》 저자

이런 책은 본 적이 없다. 뇌와 뇌가 어떻게 작동하는지에 대한 재치 있고 접근하기 쉬운 입문서로, 세계 최고의 인지 신경과학자 두 사람의 커리어와 사랑에 대한 매력적인 이야기이다. 정신분열증, 자폐증, 편견, 공감과 같은 문제에 대한 최첨단 탐구이기도 하다. 그리고 무엇보다 정말 아름다운 그래픽 노블이다. 이 책은 쾌거이자 기쁨이다.
폴 블룸, 토론토대학교 심리학과 교수, 《공감의 배신》 저자

사고, 감정, 정신병리학에 대한 신경과학의 가장 깊은 함의를 밝혀낸 두 선구자가 주인공으로 등장하는 매력적이고 중독성 있는 신경과학 입문서.
스티븐 핑커, 하버드대학교 심리학과 교수, 《빈 서판》 저자

틀을 깨는 책이다. '사회적 두뇌'라고 불리는 것을 조명한 인지 신경과학계 최강 커플의 삶과 연구에 대한 만화 형식의 멋진 책이다. 이 책은 또 아들과 부모의 협력으로 이루어진 사회적 실험의 결과물이기도 하다. 이 주제에 관심이 있거나 아니면 그냥 단순히 정말로 즐거운 독서를 경험하고 싶다면 읽어보라.
조지프 르두, 뉴욕대학교 신경과학과 교수, 《우리 인간의 아주 깊은 역사》 저자